Okechukwu Pius Aghamelu

Adequação de alguns piroclastos nigerianos como materiais de construção

Okechukwu Pius Aghamelu

Adequação de alguns piroclastos nigerianos como materiais de construção

ScienciaScripts

Imprint

Any brand names and product names mentioned in this book are subject to trademark, brand or patent protection and are trademarks or registered trademarks of their respective holders. The use of brand names, product names, common names, trade names, product descriptions etc. even without a particular marking in this work is in no way to be construed to mean that such names may be regarded as unrestricted in respect of trademark and brand protection legislation and could thus be used by anyone.

Cover image: www.ingimage.com

This book is a translation from the original published under ISBN 978-3-659-86703-3.

Publisher:
Sciencia Scripts
is a trademark of
Dodo Books Indian Ocean Ltd. and OmniScriptum S.R.L publishing group

120 High Road, East Finchley, London, N2 9ED, United Kingdom
Str. Armeneasca 28/1, office 1, Chisinau MD-2012, Republic of Moldova, Europe
Managing Directors: Ieva Konstantinova, Victoria Ursu
info@omniscriptum.com

Printed at: see last page
ISBN: 978-620-3-33193-6

ÍNDICE DE CONTEÚDO

CAPÍTULO 1 INTRODUÇÃO

1.1 Antecedentes

A utilização de rocha na construção (como fundação, pedra britada e agregados) é um ato com uma longa história. No entanto, a procura e a utilização em vários projectos de construção têm continuado a aumentar proporcionalmente à sofisticação da tecnologia de construção, da engenharia civil e dos desenvolvimentos infra-estruturais (Lester, 1981; Smith e Collins, 2001). A investigação mostra que a procura mundial de agregados de construção para o ano de 2008 foi de cerca de 24,9 mil milhões de toneladas métricas (Freedonia, 2009). A procura regional de agregados de construção para o ano de 2008 é apresentada na Fig. 1.1. Nelson e Bolen (2008) afirmam que a procura total de agregados nos EUA por sector do mercado final para o ano de 2008 foi de 30% - 35% para edifícios não residenciais (escritórios, hotéis, lojas, fábricas, edifícios governamentais e institucionais, e outros), 25% para estradas e 25% para habitação. Okeke (1991) e Durotoye (2003) observaram que existe uma procura muito elevada de materiais de construção num país grande e em rápido desenvolvimento como a Nigéria.

Quase todos os tipos de rochas, bem como outros materiais que ocorrem naturalmente, são utilizados em projectos de construção. Atualmente, rochas como a charnockite (Eze, 1997), granito (Bell, 1993; Ekpoboredefe e Egesi, 2009), dolerite e basalto (Krynine e Judd, 1957), mármore e ardósia (Bell, 1993), calcário (Okeke, 1991; Bangar, 2005) são utilizadas como pedra de construção, material de revestimento de estradas, enchimento de fundações, agregados de betão, acabamento de superfícies, bem como em projectos de barragens e túneis.

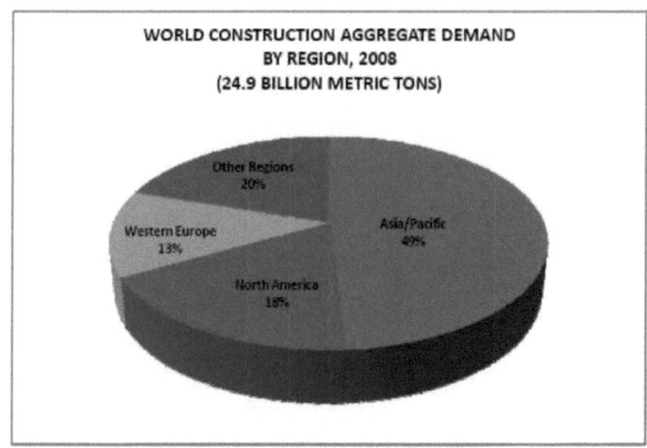

Fig. 1.1. Procura regional de agregados para construção (Freedonia, 2009).

Um dos factores importantes que influenciam a exploração de pedreiras e a utilização de rochas na construção é a sua disponibilidade económica. Na Nigéria, as rochas ígneas e metamórficas que constituem o terreno de base pré-cambriano e que estão amplamente agrupadas no complexo gnaisse-migmatite, nas cinturas de xisto, no conjunto intrusivo pan-africano ou no granito mais antigo e nas rochas menores são extensivamente extraídas e utilizadas numa vasta gama de projectos de construção (Hitchen, 1968). As rochas menores incluem sienitos, charnockitos, gabros, dioritos, doleritos e corpos extrusivos (Elueze, 2009). As rochas duras (ou seja, as ígneas e metamórficas) ocorrem na maior parte do norte, bem como numa proporção significativa das partes sudoeste e sudeste do Complexo Cimentar. Também foram registadas ocorrências de rochas vulcânicas e intrusivas nas bacias sedimentares, especialmente na área de Abakaliki.

Na área de Abakaliki, as rochas piroclásticas encontram-se associadas aos sedimentos espessos do Grupo do Rio Asu do Albiano. A ocorrência e a petrologia destas rochas vulcânicas, comummente designadas por "piroclásticos de Abakaliki" (nome usado pela primeira vez por Okezie, 1965), foram amplamente estudadas por investigadores anteriores, como Farrington (1952), Uzuakpunwa (1974) e Olade (1979). Devido à abundância deste tipo de rochas na área, a atividade comercial e mecanizada de extração de pedra está atualmente a ser levada a cabo por um conglomerado de trituradores de pedra em Umuoghara (um aglomerado de trituradores de pedra mapeado pelo Governo do Estado de Ebonyi na periferia da Metrópole de Abakaliki). Ali, são produzidas diariamente cerca de 10 000 toneladas métricas de variedades trituradas, principalmente de piroclastos. Estes piroclastos estão a ser utilizados na maior parte dos projectos de construção no sudeste da Nigéria, especialmente em Abakaliki e arredores, e são por vezes transportados para cidades como Owerri, Port Harcourt e Enugu, onde são utilizados principalmente como materiais de fundação, acabamento de pavimentos e betão.

A principal razão para a utilização dos agregados piroclásticos da área de Abakaliki deve-se sobretudo à sua disponibilidade barata. No entanto, Krynine e Judd (1957) observaram que a procura de materiais rochosos adequados para projectos de construção deve ser controlada por factores como a qualidade, o fornecimento e a economia de produção e entrega. Para além destes factores, o seu desempenho no terreno deve ser verificado por meio de ensaios laboratoriais e comparação com normas industriais para garantir a sua adequação a projectos de construção.

Foram observadas várias falhas de projectos geotécnicos em algumas áreas em que estes agregados foram utilizados (Aghamelu e Okogbue, 2011; Aghamelu *et al.*, 2011); também foram registados alguns casos de colapso de edifícios. Atualmente, são escassas as informações sobre o impacto das propriedades geotécnicas e geoquímicas dos agregados nestas falhas de projectos estruturais e colapsos de edifícios. Nesta investigação, foi feita uma tentativa de utilizar testes laboratoriais normalizados para avaliar as propriedades geotécnicas e geoquímicas dos piroclastos de Abakaliki como materiais de construção. Com base nos resultados obtidos, é avaliado o impacto do material nas falhas dos projectos estruturais nas áreas onde são utilizados. O risco para a saúde que pode estar associado à utilização dos piroclastos como material para a construção de casas de habitação também é avaliado.

1.2 Revisão da literatura

1.2.1 Explicação das terminologias

Pedra e rocha

Os termos "rocha" e "pedra" são por vezes sinónimos. Na realidade, porém, há alguma diferença no seu significado: o termo rocha refere-se a uma formação geológica na sua forma bruta, tal como existe na terra, ou seja, "no local"; a pedra é mais corretamente aplicada a blocos, massas ou fragmentos individuais que foram escavados principalmente a partir de tipos de rochas sedimentares, ígneas e metamórficas. Para um engenheiro civil, a rocha é qualquer material endurecido que requer perfuração, cunha, jato de areia ou outros métodos de força brutal para escavação (Sowers e Sowers, 1970)

Pedra britada

Os produtos da extração de pedra são geralmente designados por "pedra britada" (Lester, 1981). A rocha britada inclui principalmente *pedras de dimensão, de construção e polidas*. A pedra britada, derivada de calcário, rocha ígnea (principalmente granito e basalto) e arenito, é utilizada no fabrico de pedra revestida e produtos de betão, e como material de base em todos os tipos de projectos de engenharia civil. A pedra revestida é utilizada para o revestimento de estradas e auto-estradas, bem como de pistas de aeroportos.

Agregado

Agregado é um termo coletivo para os materiais minerais, como areia, cascalho e pedra britada, que são utilizados com um meio de ligação (como água, betume, cimento Portland e cal) para formar materiais compostos (como betão asfáltico e betão de cimento Portland). Os agregados são também utilizados em camadas de base e sub-base para pavimentos flexíveis e rígidos (Krynine e Judd, 1957). Os agregados naturais, como a areia e a gravilha, a gravilha laterítica (Okagbue, 1986), bem como os agregados manufacturados (subprodutos processados), como o betão pronto e os materiais betuminosos, são essenciais em todos os tipos de edifícios e estruturas de engenharia civil. Os agregados são extraídos principalmente de pedreiras e poços terrestres.

O agregado pode ser referido como: agregado *grosso* quando passa no peneiro BS de 37 mm e fica retido no peneiro BS de 4,75 mm (N.º 4), *agregado fino* quando passa no peneiro BS de 9,5 mm (3/8 pol.) e fica retido no peneiro BS de 0,075 mm (N.º 200) e *agregado médio* quando as partículas se encontram entre os tamanhos dos agregados grosso e fino (ver Placa 1.4.1).

Betão

O betão, de acordo com o American Concrete Institute (ACI, 1979), é um material de engenharia artificial feito a partir de uma mistura de cimento Portland, água, agregados finos e grossos e uma pequena quantidade de ar (quer sob a forma de vazios de ar naturalmente aprisionados, quer sob a forma de minúsculas bolhas de ar intencionalmente aprisionadas). É um dos materiais de construção mais utilizados no mundo. O betão é o único material de construção importante que pode ser entregue no local de trabalho num estado plástico (ou seja, capaz de ser moldado). Esta caraterística única

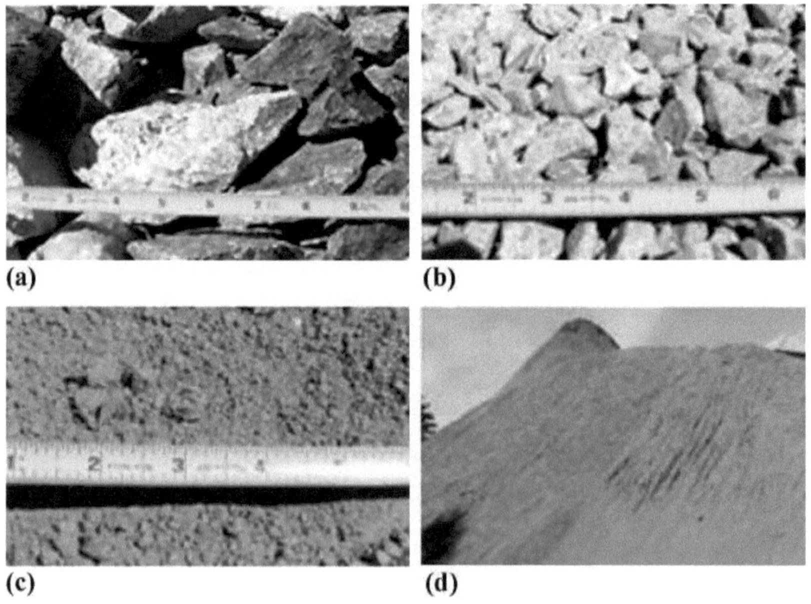

(a)

(b)

(c)

(d)

6

A qualidade torna o betão desejável como material de construção porque pode ser moldado em praticamente qualquer forma ou formato.

O betão pode ser utilizado para construir uma grande variedade de estruturas, tais como auto-estradas e ruas, pontes, barragens, grandes edifícios, pistas de aeroportos, estruturas de irrigação, quebra-mares, cais e docas, pavimentos, silos e edifícios agrícolas e habitações.

Material pozolânico e modificador do solo

Os pozolanas são um material natural de grão muito fino, por vezes artificial, utilizado em combinação com o cimento Portland para fazer betão (Krynine e Judd, 1957), enquanto um modificador do solo é um material natural ou artificial que tem a capacidade de alterar o comportamento geotécnico de outro material com o qual é misturado durante a construção. O termo Pozzolans foi cunhado a partir da cidade de Pozzuoli (uma cidade na província de Nápoles, Itália), onde as cinzas vulcânicas eram originalmente utilizadas para este fim.

Os materiais pozolânicos naturais são tufos vulcânicos, cinzas, rochas sedimentares siliciosas, particularmente opalinas, xistos, cherts e terra de diatomáceas. Todos estes materiais possuem formas de sílica ativa ou alumina que, embora não sejam cimento em si mesmas, podem combinar-se com cal ou cimento Portland para formar um composto cimentado estável. Os pozolantes podem retardar ou impedir a reação dos agregados alcalinos, reduzir a produção de calor causada pela hidratação (endurecimento) do betão numa estrutura maciça, aumentar a resistência à tração do betão, melhorar a trabalhabilidade da mistura e reduzir o custo do betão.

A investigação demonstrou que alguns solos de grão fino, cinzas ou poeiras de certos materiais geológicos com elevado teor de cálcio podem efetivamente reduzir a plasticidade de um solo expansivo (Okagbue e Onyeobi, 1999; Ene e Okagbue, 2009), enquanto os solos com elevado teor de sódio têm normalmente a capacidade de aumentar a plasticidade de solos menos expansivos. Esses solos artificiais podem então satisfazer algumas especificações industriais exigidas. Krynine e Judd (1957) descreveram uma reação natural, vulgarmente conhecida como "reação pozolânica", responsável por estes fenómenos.

Existe uma vasta literatura (por exemplo, Cokea, 1999; Muntohar e Hantoro, 2000; Ene e Okagbue, 2009) sobre o melhoramento de solos com recurso a aditivos, nomeadamente cimento e cal. Lund e Ramsey (1959) investigaram a eficácia da estabilização com cal em solos expansivos do Nebraska e referiram que a adição de cal a solos plásticos resultou numa redução do índice de plasticidade, indicando que os limites líquido e plástico do solo foram afectados pelo aditivo. Bell (1993) relatou que a adição de cal reduz a retração linear e aumenta a resistência ao cisalhamento.

Outros trabalhadores referiram aditivos que poderiam substituir a cal como modificador do solo. Alguns materiais que podem possivelmente substituir a cal incluem cinzas volantes (Cokea, 1999), pó de mármore (Okagbue e Onyeobi, 1999), casca de arroz (Muntohar e Hantoro, 2000), cinzas calcárias (Okagbue e Yakubu, 2000) e polímeros sintéticos e biopolímeros (Orts *et al.*, 2007). Ene e Okagbue (2009) observaram que as poeiras piroclásticas poderiam modificar adequadamente os solos expansivos. Na maioria destes trabalhos citados, os autores relataram diminuições na densidade seca e na plasticidade, bem como aumentos na resistência.

1.2.2 A rocha como material de construção

O material de construção abrange quase tudo o que é utilizado na construção de edifícios, desde agregados, cimento, tijolos, telhas, aço e vidro, a uma série de produtos como pregos e parafusos, passando por equipamento de ventilação e acessórios de casa de banho. No entanto, é digno de nota que a rocha e os seus derivados constituem uma maior percentagem das matérias-primas necessárias para os edifícios modernos, bem como para uma série de grandes projectos de construção que incluem estradas, barragens, túneis e aeroportos.

O calcário, especialmente a variedade dura ou mármore, é uma das rochas que são amplamente utilizadas como material de construção no mundo (Sowers e Sowers, 1970; Goodman, 1993; Bell, 1994). A ampla utilização do calcário na construção decorre da sua capacidade de servir vários propósitos, tais como pedra de construção e ornamental, ingrediente em cimento e betão, e um agregado para a construção de estradas. O facto de os depósitos de calcário não ocorrerem em abundância em todas as partes do mundo torna necessária a utilização na construção de outros tipos de rochas, que podem estar economicamente disponíveis na localidade, como alternativa ou substituição do calcário.

O conhecimento sistemático fornecido pelas geociências e pelas ciências da engenharia tem, de facto, ajudado os construtores e empreiteiros a avaliar a ocorrência, a composição, a durabilidade e o comportamento de engenharia dos materiais de construção (Rawlings, 1972; Bangar, 2005). Atualmente, quase todos os tipos de rochas, desde as ígneas, sedimentares e metamórficas, são utilizados de forma satisfatória na construção de engenharia. Quando a análise geotécnica sugere que uma determinada rocha não satisfaz as especificações, são normalmente desenvolvidos meios artificiais para alterar as suas propriedades. Por exemplo, rochas como o xisto, que até agora era considerado inadequado na maioria dos projectos de construção, podem agora servir marginalmente bem como pedra de estrada, quando sujeitas a engenharia (Okogbue e Aghamelu, 2010).

Apesar da atual sofisticação da tecnologia que permite a utilização de quase todos os tipos de rochas para a maioria dos fins de construção, alguns grupos de rochas têm naturalmente um melhor desempenho do que outros. Por exemplo, as "rochas armadilha", que incluem rochas de composição basáltica, têm geralmente melhor desempenho como pedra de estrada do que as "rochas hidrófilas", que incluem rochas de composição granítica. Krynine e Judd (1957) observaram que as rochas armadilhadas têm menos afinidade com a água, ou seja, são "hidrofóbicas" e têm grande afinidade com o betume, ao passo que as rochas hidrofílicas, como o nome indica, têm grande afinidade com a água e, infelizmente, menor afinidade com o betume, o que acaba por provocar o "stripping" quando são utilizadas como pedra de estrada. As rochas armadilhadas, no entanto, não servem muitas vezes como material de acabamento de superfícies (Krynine e Judd, 1957), uma vez que apresentam uma superfície dura, densa e entrelaçada, difícil de polir (Bimel, 1988). Isto dá, portanto, uma indicação de que a generalização sobre a adequação de um tipo de rocha na construção nem sempre deve ser feita.

A investigação mostrou que os agregados, em grande medida, derivam o seu comportamento da natureza geológica do seu material rochoso de origem (Goswami, 1984; Waltham, 1994). O Quadro 1.1 apresenta um resumo da classificação dos grupos comerciais de agregados. O quadro mostra que a classificação geológica pode facilmente dar uma indicação da qualidade esperada dos agregados antes dos ensaios laboratoriais (que normalmente confirmam as observações de campo).

Quadro 1.1. Classificação da qualidade dos agregados de acordo com o nome do grupo comercial.

Grupo	Incluindo	Caraterísticas	Qualidade
Basalto	Dolerite	Ígneo forte, de grão fino e básico	Bom
Gabro	-	Forte, de grão grosso, ígneo básico	-
Pórfiro	Rirolito	Forte, de grão fino, ígneo ácido	-
Granito	Gnaisse	Forte, de grão grosso, ígneo ácido	Bom
Hornfels	-	Metamórfico forte, de grão fino, não clivado	Bom
Xisto	Ardósia	Metamórfico escamoso, cisalhado ou clivado	Pobres
Quartzito	-	Arenito forte e metamorfoseado	Raro
Calcário	Mármore	Os calcários e dolomites mais fortes	Bom
Gritstone	Cinzento	Os arenitos mais fortes e bem cimentados	Bom
Flint	Cerejeira	Sílica de grão fino, principalmente sob a forma de cascalho	-
Rejeição artificial	-	Todas as escórias sintéticas, todas as rochas sedimentares moles	Inútil

Adaptado de Waltham (1994). - não disponível

CAPÍTULO 2 DESCRIÇÃO DA ZONA DE ESTUDO

2.1 Localização e acessibilidade

A área de estudo abrange a metrópole de Abakaliki e os seus arredores (Fig. 2.1). Abakaliki é a capital do Estado de Ebonyi, no sudeste da Nigéria. Está situada nas latitudes 6°15' N e 6°20' N e nas longitudes 8°05' E e 8°10' E, e cobre uma área de aproximadamente 320 quilómetros quadrados. A zona é acessível através da via rápida Enugu- Abakaliki-Ogoja e de uma série de outras estradas, como a estrada Abakaliki-Afikpo e a estrada Old Abakaliki-Enugu. A rede de estradas pavimentadas no interior da cidade, como as estradas Water-Works, Ogoja, Quarry, Ezza, Onwe e Nkaliki, e numerosos caminhos pedonais também permitem o acesso ao interior da zona.

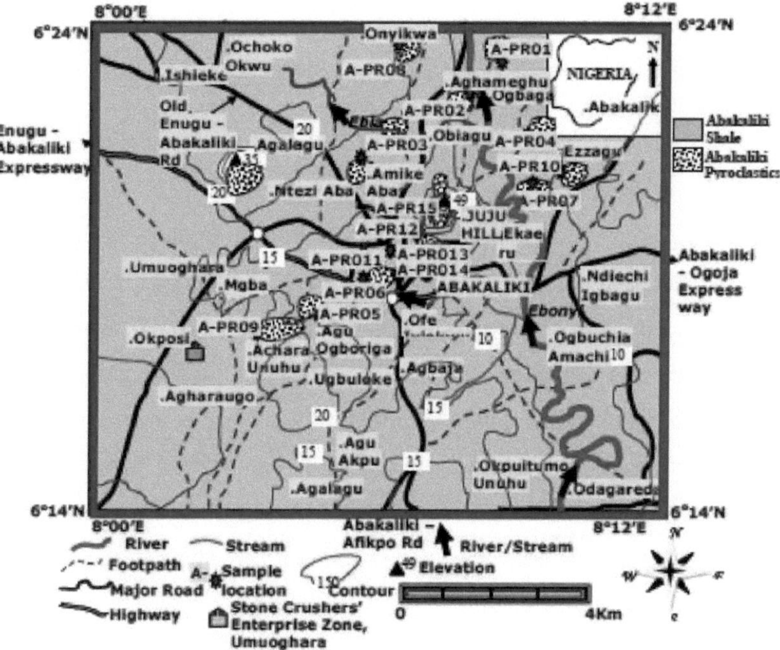

Fig. 2.1. Mapa da zona de Abakaliki mostrando a acessibilidade, a fisiografia, a geologia e os locais de amostragem.

2.2 Clima e vegetação

Existem duas estações climáticas principais na área de Abakaliki, a estação seca e a estação húmida (chuvosa). A estação das chuvas começa em março e termina em outubro. A estação seca começa em outubro e termina em fevereiro. Estas duas estações dependem dos ventos predominantes que sopram sobre o país em diferentes alturas do ano, o vento seco harmmattan do Sara e o vento marítimo do Oceano Atlântico. Enquanto o vento harmmattan provoca a estação seca, o vento marítimo provoca a precipitação. A temperatura na estação seca varia entre 20° C e 38° C e durante a estação das chuvas entre 16° C e 28° C (Ezeh e Anike, 2009). A precipitação média anual varia entre 1750 e 2000 mm.

Os solos lateríticos espessos desenvolvem-se devido ao clima e à meteorização resultante. O tipo de vegetação da área pode ser descrito como floresta tropical húmida (Igbozuruike, 1975; Inyang, 1976). No entanto, existem árvores raquíticas e bolsas de terrenos florestais abandonados onde a litologia sofreu um elevado grau de laterização. Noutros locais, são exibidas caraterísticas típicas da floresta tropical húmida; multidão de árvores sempre verdes, plantas trepadeiras, plantas parasitas que vivem noutras plantas e trepadeiras.

2.3 Fisiografia

O relevo é ondulado e em nenhum local, exceto no Monte Juju onde a elevação é de 492 m acima do nível do mar, excede os 400 m acima do nível do mar (ver Fig. 2.1). As colinas formadas pelos corpos piroclásticos constituem a principal estrutura de relevo. Não foi estabelecida qualquer tendência, por qualquer investigador anterior, destas colinas de forma cónica e de outras colinas residuais que pontuam a área. A predominância do xisto favoreceu a baixa erodibilidade da litologia, resultando na ausência ou quase ausência de vales profundos e canais de erosão. A área é geralmente alagada durante a estação das chuvas, especialmente em altitudes baixas, incluindo as atravessadas pelas estradas pavimentadas.

2.4 Hidrologia

O principal rio que drena a área é o rio Ebonyi e os seus afluentes: os rios Ebia, Iyi-Udene e Iyiokwu. O rio Ebonyi é perene e corre na direção noroeste (ver Fig. 2.1). Geralmente, uma grande proporção de transbordos, bem como de escoamentos, ocorre na estação das chuvas. Isto deve-se principalmente ao facto de a área de Abakaliki estar predominantemente coberta pelo Grupo do Rio Asu. O Grupo do Rio Asu tem o xisto como litologia dominante, com bolsas e camadas finas de siltito, arenito e calcário .

A área é geralmente alagada durante a estação das chuvas, especialmente em altitudes baixas (Aghamelu *et al.*, 2011). A predominância de xisto na área resulta numa fonte de água subterrânea pobre (ou seja, situação de aquiclude). No entanto, existe água subterrânea sustentável em zonas fracturadas dentro do Grupo do Rio Asu, em camadas de arenito e calcário dentro do xisto, em zonas meteorológicas e em interfaces de rocha com o grupo. Normalmente, os rendimentos são fracos e só servem para o estabelecimento de furos com bombas manuais e poços escavados à mão (Aghamelu *et al.*, 2011).

2.5 Utilização do solo

As principais actividades económicas na área de Abakaliki são a agricultura de subsistência, a exploração de pedreiras e a extração de minerais em pequena escala. As estatísticas mostram que mais de 60% da população se dedica à agricultura de subsistência. Isto deve-se ao facto de o solo ser muito fértil para a produção de algumas culturas de rendimento e também ao facto de a área não ser significativamente industrializada. A elevada produção de arroz tornou necessária a criação de uma unidade industrial de moagem de arroz em Ekpa-Omaka, no sudoeste da área de Abakaliki (periferia da área de estudo).

Alguns dos habitantes da zona dedicam-se à extração e trituração de rochas. Esta indústria é sustentada pela abundância de piroclastos e outros intrusivos menores na área. A atividade de extração comercializada e mecanizada está atualmente a ser levada a cabo em Umuoghara (uma zona empresarial de trituração de pedra criada na periferia da metrópole de Abakaliki pelo Governo do Estado de Ebonyi). Na zona empresarial de Umuoghara, são produzidas diariamente cerca de 10 000 toneladas métricas de variedades britadas, principalmente de piroclastos. Estes produtos estão a ser utilizados na construção da maior parte dos projectos (especialmente estradas e fabrico de betão) na zona de Abakaliki. Ocasionalmente, vêem-se camiões a levantar a "poeira" da zona de britagem para a eliminar em terrenos abandonados. A atividade mineira de chumbo-zinco em pequena escala decorre em torno de Enyigba e Ameka, nos arredores da metrópole de Abakaliki.

CAPÍTULO 3 GEOLOGIA DA ZONA DE ESTUDO

3.1 Configurações geológicas e estratigráficas regionais

O vale inferior de Benue, que está subjacente à área de Abakaliki na parte sudeste da Nigéria, tem um registo estratigráfico de depósitos representados por sedimentos de três ciclos de deposição marinhos principais, Albiano-Cenomaniano, Turoniano-Santoniano e Campano-Maastrichtiano (Reyment 1965; Petters 1978; Ofoegbu 1985; Ofoegbu e Amajor 1987). A Tabela 3.1 apresenta a sucessão estratigráfica, enquanto a Fig. 3.1 mostra a distribuição dos sedimentos aflorantes no sudeste da Nigéria.

Acredita-se que a primeira transgressão marinha da Calha do Benue tenha começado em meados do período albiano com a deposição do Grupo do Rio Asu no sul da Calha do Benue. Os sedimentos do Grupo do Rio Asu são predominantemente xistos e desenvolvimento localizado de fácies de arenito, siltito e calcário (Reyment, 1965), bem como extrusivas e intrusivas (Murat, 1972; Nwachukwu 1972; Ofoegbu e Amajor, 1987; Tijani *et al.*, 1996; Obiora e Charan, 2010). O grupo tem uma espessura média de cerca de 2000 m e assenta inconformavelmente no subsolo pré-câmbrico (Olade, 1978; Benkhelil, 1989).

Na área de Abakaliki, o Grupo do Rio Asu é representado pela Formação de Xisto de Abakaliki, que tem uma espessura média de cerca de 500 m (Ehinola, 2010) e está subjacente a formações sem nome (Reyment, 1965) com uma espessura cumulativa de cerca de 1500 m (Tijani *et al.*, 1996). A Formação Abakaliki é predominantemente xistosa, endurecida, de cor cinzenta escura, em blocos e não micácea na maioria dos locais. É frequentemente calcário

(Okogbue e Aghamelu, 2010), e xisto argiloso acastanhado profundamente desgastado a fissurado na maioria dos locais e é rico em amonites. Os conjuntos de amonites do Albiano que foram identificados na formação de xisto incluem *Oxytropidoceras hausa, Oxytropidoceras manuaniceras, Mortoniceras inflatum* e *Elobiceras sp.* (Reyment, 1965).

Tabela 3.1. As sucessões estratigráficas nas bacias do sul da Nigéria

	FORMATION	AGE		ENVIRONMENT		DEPTH
C R E T A C E O U S	Ajali/Nsukka formations	MAASTRICH-TIAN		MARGINAL MARINE		0 m
	Mamu Formation Nkporo/Enugu Shale	CAMPANIAN		SHELF		100 m
		SANTONIAN		FOLDING	MARGINAL MARINE	
	AWGU GROUP (Awgu Formation/ Agbani sandstone)	CONIACIAN		MARINE		
		TURONIAN	UPP.	MARINE		1000 m / 1150 m
	EZE-AKU GROUP (Eze-Aku shale/ Agila/Makurdi/ Ibir sandstones/ Nkalagu Shale)		MID.	SHELF		1350 m
			LOW.	MARINE		1500 m
		CENOMANIAN	UPP.	MARINE		
			MID.	MIXED		
			LOW.	SUBCONTINENTAL		1880 m
	ASU-RIVER GROUP (Abakaliki shale/ minor intrusions)	UPPER ALBIAN	LATE	NEARSHORE		1980 m
			MID.	INTERNAL AND EXTERNAL SHELF		
			EARLY			2130 m
		MIDDLE ALBIAN		MARINE BASIN		3630 m
	NOT OUTCROPPING ?	PRE-MIDDLE ALBIAN (Aptian, Neocomian)		DELTAIC / NON MARINE ?		5000 m
	MAJOR DISCORDANCE					
	PRECAMBRIAN BASEMENT			METAMORPHIC		

(Modificado de Tijani *et al.*, 1996)

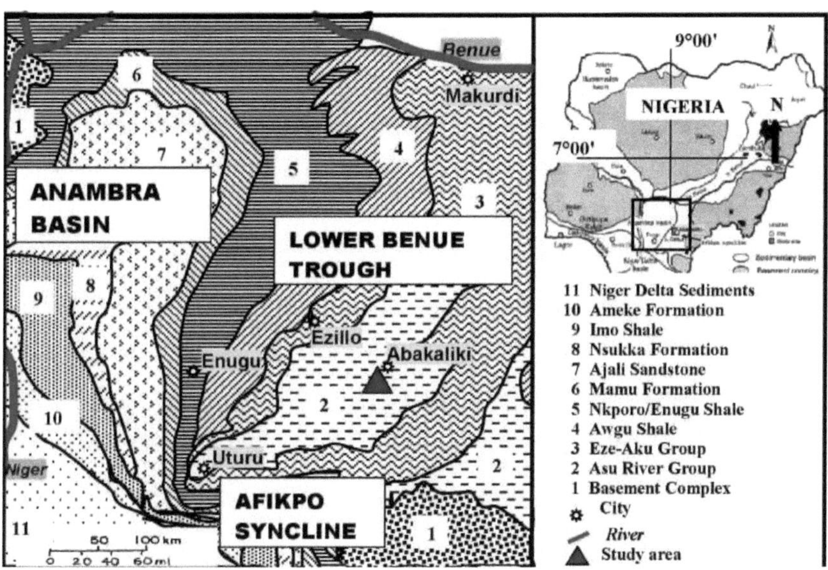

Fig. 3.1. Mapa geológico do sudeste da Nigéria mostrando as principais unidades rochosas da área de Abakaliki (*Modificado de* Ofoegbu e Amajor, 1987)

3.2 Cenário tectónico regional

A calha de Benue é um rift cretácico alongado localizado numa reentrada importante na margem continental da África Ocidental (Grant, 1971; Wright, 1976; Umeji, 2000) com um comprimento aproximado de 800 km (Ofoegbu e Amajor, 1987) e cerca de 80 a 150 km de largura. A calha tem uma tendência nordeste-sudoeste e estende-se até à Bacia do Chade e ao Delta do Níger, nas porções norte e sul, respetivamente (Burke *et al.*, 1971).

Existe algum consenso entre os investigadores de que a origem da Calha de Benue está intimamente associada à rutura da Gondwanaland ocidental durante a separação das Placas Africana e Sul-Americana, e à abertura do Oceano Atlântico Sul, no início do Cretáceo. Discussões detalhadas sobre a origem, evolução e descrição da calha foram apresentadas por Wright (1968), Burke *et al.* (1971), Grant (1971), Nwachukwu (1972), Olade (1975), Benkhelil (1982, 1986, 1989). A Fig. 3.2 apresenta uma representação esquemática de um modelo tectónico da evolução da Calha de Benue, tal como proposto por Olade (1975).

O período Santoniano na área de Abakaliki foi um episódio de deformação termotectónica. Foi acompanhado por um extenso magmatismo na Calha de Benue e terminou a transgressão Turoniana. Esta deformação Santoniana afectou os preenchimentos sedimentares no sul da Calha de Benue, resultando na dobragem e elevação da área de Abakaliki para produzir o Anticlinório de Abakaliki com tendência nordeste-sudoeste, bem como a Bacia de Anambra e o Sinclinal de Afikpo, nos flancos ocidental e oriental, respetivamente. Localmente, o tectonismo influenciou as inclinações do xisto de Abakaliki, variando de 8° a 22°, geralmente nas direcções sudeste e noroeste. Este estudo observou que alguns locais registaram inclinações até 35°, o que pode ser um reflexo de efeitos tectónicos intensos e/ou intrusivos-extrusivos.

3.3 Actividades ígneas e vulcânicas

3.3.1 Rochas Intrusivas e Extrusivas

Os sedimentos deformados no Anticlinório de Abakaliki foram intrudidos por uma sequência de rochas máficas a intermédias, lavas calcárias alcalinas e tufos piroclásticos e aglomerados, bem como por mineralização de chumbo-zinco (Okezie, 1965; Murat, 1972; Olade 1978, 1979; Tijani *et al.* 1996). Os sedimentos do Grupo do Rio Asu são também intermediários às rochas intrusivas básicas do tipo diorítico

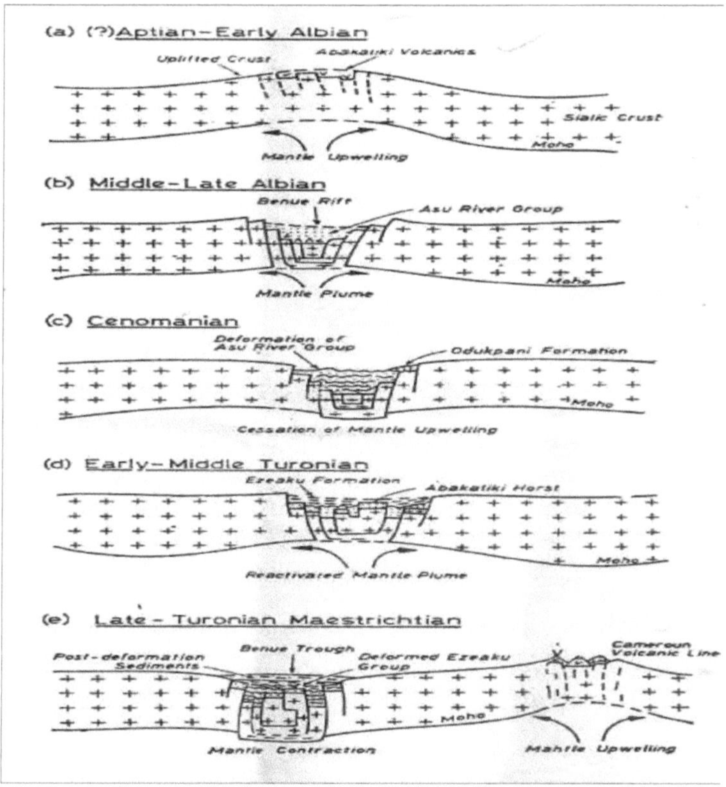

Fig. 3.2. Modelo tectónico proposto para a evolução do canal de Benue (segundo Olade, 1975)

composição (Nwachukwu, 1972; Ofoegbu e Amajor, 1987; Obiora e Umeji, 1995). Estas intrusões deixaram impressões e provas de metamorfismo nos sedimentos présantonianos do Grupo do Rio Asu em alguns locais (Hoque, 1981; Obiora, 2002; Obiora e Umeji, 2004).

3.3.2 Piroclastos de Abakaliki

O conjunto vulcânico que foi produzido por atividade explosiva no Grupo do Rio Asu ocorre no núcleo do Anticlinal de Abakaliki e está melhor exposto na área em redor da Metrópole de Abakaliki, como mostra a Fig. 2.1. Os corpos de rocha piroclástica foram referidos pela primeira vez como "Piroclásticos de Abakaliki" por Okezie (1957), muito provavelmente devido ao facto de estarem restritos e melhor expostos no município de Abakaliki e arredores.

Os piroclastos de Abakaliki consistem numa sequência de lavas máficas, fluxos piroclásticos, tufos, aglomerados e lavas amigdalóides de composição basáltica e de natureza alcalina (Ofoegbu e Amajor, 1987). Os aglomerados alterados, os tufos e as lavas não estratificadas constituem a litologia dominante (Olade, 1978, 1979). Os aglomerados são compostos por fragmentos angulares a sub-angulares e bombas de basaltos alterados, calcário argiloso metamorfoseado e outros xenólitos cognatos que variam em tamanho de alguns centímetros a meio metro e estão inseridos numa matriz de tufo cinzento-esverdeado a preto de fragmentos minerais líticos e tufo lapilli calicificado (Olade 1979). Investigadores anteriores descreveram e dataram os piroclastos de Abakaliki da seguinte forma: interstratificados com xistos albianos (McConnel, 1949), pós-albianos (Tattam, 1960; Farrington, 1952; Hoque, 1984), pré-albianos ou aptianos (Uzuakpunwa, 1974) e pré-albianos e sobrejacentes ao Complexo Basal (Olade, 1978). A idade pós-albiana pode, no entanto, ser a mais apropriada, uma vez que há ocorrências de xenólitos e fragmentos líticos compostos predominantemente por xistos e lamitos albianos dentro dos piroclastos na maior parte da área de estudo.

Outras ocorrências de unidades piroclásticas (quimicamente distintas) no sudeste da Nigéria registam-se em Ezillo (Hoque, 1981; Ofoegbu e Amajor, 1987), Uturu (Hoque, 1981; Ofoegbu e Amajor, 1987) e Lokpanta (Ukaegbu, 2008; John-Onwualu e Ukaegbu, 2009). Ofoegbu e Amajor (1987) observaram que, devido à variabilidade geoquímica, às localizações distantes, às restrições de área e à fraca exposição das unidades piroclásticas no sudeste da Nigéria, é difícil estabelecer se são produtos vulcânicos diferentes no tempo e no espaço ou se são lateralmente contínuos na subsuperfície.

CAPÍTULO 4 MATERIAIS E MÉTODOS

4.1 Mapeamento de campo

As investigações de campo envolveram cartografia geológica. O objetivo era delinear e correlacionar várias unidades rochosas na área de estudo, medir as suas posições geográficas e elevações, bem como estabelecer locais de amostragem. A cartografia de campo foi efectuada com a ajuda do mapa topográfico de Abakaliki (Folha n.º 303 da Agência de Pesquisa Geológica da Nigéria, com escala de 1:100.000), bússola Brunton, fita métrica, martelo geológico e dispositivo de sistema de posicionamento global (modelo GPS-Garmin). No entanto, o foco foi colocado na distribuição geológica e geográfica das unidades piroclásticas, que são os materiais de estudo.

4.2 Procedimento de amostragem

4.2.1 Recolha de amostras

Um total de quinze (15) amostras representativas foram recolhidas aleatoriamente de diferentes corpos de rocha piroclástica na área de Abakaliki (ver Fig. 1.2 para as localizações das amostras). Os pedaços (Placa 4.2.1) recolhidos com a ajuda de uma marreta foram imediatamente embrulhados em sacos de polietileno. O quadro 4.1 indica as localizações e as leituras GPS do corpo amostrado e a descrição física da amostra recolhida.

Placa 4.2.1. Lotes piroclásticos amostrados em Ogbaga Nkaliki

Tabela 4.1. Resumo das localizações e descrições dos sítios, coordenadas e propriedades físicas das amostras de rocha recolhidas

Não.	Nome do local	Código de amostra n.	Coordenadas N	E	Elev (m)	Descrição do sítio	Descrição da rocha
1.	Aghameghu	A-PR1	E008°09.121'	N06°23.716,	46	Pedreira ativa	Cinzento claro a escuro
2.	Ogbaga Nkaliki	A-PR2	E008°07.076'	N06°22.407,	59	Pedreira ativa	Cinzento claro a escuro, com veios de quartzo
3.	Amike Abba	A-PR3	E008°05.810,	N06°20.914,	74	Pedreira abandonada	Cinzento claro
4.	Igweokpu Nkaliki	A-PR4	E008°04.877,	N06°18.673,	56	Pedreira abandonada	Cinzento claro a escuro
5.	Agu Ogboriga	A-PR5	E008°05.077,	N06°18.706,	52	Pedreira ativa	Cinzento claro, com manchas de materiais esbranquiçados
6.	Ministério das Obras Públicas Pedreira	A-PR6	E008°05.847,	N06°19.157,	72	Pedreira parcial	Cinzento claro a escuro
7.	Minas de Sharon	A-PR7	E008°08.661'	N06°20.472,	55	Pedreira ativa	Cinzento claro a muito escuro
8.	Atang Onyikwa	A-PR8	E008°06.201'	N06°23.832,	61	Pedreira ativa	Cinzento claro
9.	Achara Unuhu	A-PR9	E008°04.318,	N06°16.706,	60	Pedreira ativa	Cinzento claro, com amígdalas de quartzo
10.	Ezzagu	A-PR10	E008°08.817,	N06°19.053,	64	Pedreira ativa	Cinzento escuro
11.	Pedreira de Zion	A-PR11	E008°06.323,	N06°19.442,	71	Pedreira parcial	Cinzento claro a escuro
12.	Empresa de águas Hqters	A-PR12	E008°06.495,	N06°19.846,	62	Pedreira abandonada	Cinzento escuro, com manchas esbranquiçadas
13.	Golfo Curso	A-PR13	E008°05.124,	N06°19.642,	58	Pedreira parcial	Cinzento claro a escuro
14.	Terra Virgem	A-PR14	E008°06.682,	N06°18.336,	60	Pedreira parcial	Cinzento claro a escuro
15.	Juju Hill	A-PR15	E008°07.906,	N06°18.433,	150	Pedreira não ativa	Cinzento claro

*Medido em metros acima do nível do mar (masl).

4.3 Testes laboratoriais

Os vários ensaios laboratoriais e procedimentos de ensaio adoptados nesta investigação estão resumidos no Quadro 4.2. Para garantir a precisão dos dados e de acordo com as diretrizes de ensaio, o valor registado para cada parâmetro é uma média de dois ou mais ensaios realizados em partes de um provete. Os objectivos e os procedimentos experimentais destes ensaios realizados com os materiais em estudo e algumas ligeiras alterações introduzidas são apresentados em pormenor a seguir;

Tabela 4.2. Procedimentos de ensaio adoptados neste estudo

S/no.	Parâmetro	Unidade	Norma de ensaio
1.	Análise modal	%	Contagem de pontos, Chayes (1956)
2.	Análise geoquímica	% em peso	Espectrómetro XRF semi-automático
3.	Atividade equivalente ao rádio	Bq.kg^{-1}	UNSCEAR (1980)
4.	Teor de humidade natural	%	BS 812 (1990)
5.	Absorção de água	%	ASTM C127 (1990)
6.	Densidade aparente	kN/m^3	ASTM C29/C29M (1990)
7.	Densidade relativa	kN/m^3	BS 812 Parte 1 (1990)
8.	Gravidade específica	-	ASTM C128 (1990)
9.	Valor de abrasão de Los Angeles	%	ASTM C535 (1988)
10.	Valor de esmagamento dos agregados	%	BS 812: Parte 110 (1990)
11.	Dez por cento do valor das coimas	kN	BS 812: Parte 100 (1990)
12.	Índice de escamação	%	BS 812: Parte 110 (1990)
13.	Rebote do martelo Schmidt	%	ISRM (1978, 1981a)
14.	Resistência à compressão uniaxial	MPa	ISRM (1979)
15.	Solidez do sulfato de sódio	%	ASTM C88 (1990)

4.3.1 Análise Modal

A análise petrográfica modal envolve a identificação e quantificação dos constituintes minerais e particulados das rochas em secções finas ao microscópio petrográfico. Neste estudo, a análise modal foi efectuada ao microscópio de polarização seguindo um procedimento, "método de contagem de pontos", dado por Chayes

(1956). Este procedimento analítico identifica um mineral com base nas suas propriedades ópticas e quantifica-o com base na área percentual que ocuparia, se fosse fixado em conjunto. Os pormenores do comportamento ótico dos minerais comuns que formam as rochas e que ajudam à sua identificação ao microscópio petrográfico foram apresentados por numerosos investigadores, como Chayes (1956) e Blyth e de Freitas (1984).

4.3.2 Análise geoquímica

A análise geoquímica determina, através de procedimentos laboratoriais padrão, as composições elementares percentuais ou os constituintes de óxido de uma amostra de rocha. Neste estudo, amostras representativas a granel foram trituradas, moídas e homogeneizadas em pó fino com um tamanho aproximado de 10 - 15 μm, prensadas em pellets de pó e depois analisadas quanto a óxidos de elementos principais utilizando o espetrómetro semiautomático de fluorescência de raios X da Philips (PANalytical Axios WDXRF) no Laboratório de Materiais da Shavit Construction Company (SCC) da Nigéria, Kashimbila, Estado de Taraba, Nigéria. O óxido de ferro foi estimado como ferro total (Fe^{2+} e Fe^{3+}). A perda por ignição (LOI) foi determinada aquecendo 1,0 g de amostras em pó, colocadas num cadinho de porcelana, num forno aquecido a uma temperatura de 950°C durante cerca de 30 min e medindo a perda de peso percentual após arrefecimento das amostras num dessecador.

4.3.3 Cálculo da atividade equivalente de rádio

A atividade equivalente de rádio (Ra_{eq}) é um índice comum utilizado para comparar a concentração total da atividade de U, Th e K num material de construção. Ajuda a determinar os riscos para a saúde associados à utilização de substâncias como material de construção. Uma equação para estimar a Ra_{eq} de uma pedra de construção, desenvolvida pelo Comité Científico das Nações Unidas sobre os Efeitos das Radiações Atómicas (UNSCEAR, 1980), é apresentada a seguir;

$$Ra_{eq} = A_{Ra} + 1.43A_{Th} + 0.077A_K \tag{1}$$

onde:

A_{Ra}, A_{Th} e A_K são as concentrações de atividade de ^{226}Ra (^{238}U), ^{232}Th e ^{40}K, respetivamente.

A equação (1) baseia-se na estimativa de que 370 Bq.kg^{-1} de Ra, 259 Bq.kg^{-1} de Th e 4810 Bq.kg^{-1} de K produzem a mesma dosagem de raios gama. O UNSCEAR (1980) forneceu pormenores sobre as estimativas, conversões e procedimentos de cálculo necessários para que a equação seja validamente utilizada. No presente estudo, a não deteção de potássio radioativo (^{40}K) nos piroclastos de Abakaliki (Ofoegbu e Amajor,

1987), exigiu a omissão do terceiro termo na equação (1), (isto é, 0,$_{077Ak}$).

4.3.4 Teor de humidade natural

O teor de humidade natural é uma medida que indica a quantidade de água que o material rochoso contém no seu estado natural. A análise laboratorial do teor de humidade natural dos agregados adoptou o método de secagem modificado (BS 812: Parte 2, 1975). Cerca de 2 a 3 kg de agregado grosso retido no peneiro BS de 40,0 mm foi pesado e colocado num tabuleiro limpo e foi sujeito a aquecimento controlado numa placa de aquecimento. Durante o aquecimento, o agregado foi agitado frequentemente com uma espátula. Isto foi feito para assegurar uma exposição uniforme do agregado ao ar e à fonte de calor. Para garantir que não se perdia massa, a espátula foi mantida no tabuleiro até o agregado secar. O recipiente foi retirado da placa de aquecimento e pesado quando o agregado estava consideravelmente seco. Após a pesagem, o agregado foi reintroduzido no tabuleiro para mais alguns minutos de aquecimento, sendo depois novamente pesado.

Os ciclos de aquecimento e pesagem foram repetidos até se confirmar a secura da amostra, ou seja, quando a diferença entre pesagens consecutivas não excedesse 0,1 % da massa registada. O teor de humidade natural do agregado foi calculado utilizando a relação seguinte;

Teor de humidade (% em massa seca) = [(A - B) / B] × 100   (2)

onde:

A = peso do agregado antes da secagem

B = peso do agregado final seco em estufa

4.3.5 Absorção de água

A absorção de água é o aumento do peso do agregado devido à água nos poros do material (excluindo a água que adere à superfície exterior das partículas), expresso em percentagem do peso seco. Neste estudo, cerca de 2 kg de agregado, que foi retido no peneiro de ensaio BS de 10,0 mm e cuidadosamente lavado para remover as partículas mais finas, foi utilizado para o ensaio de laboratório. A amostra foi colocada num cesto de arame com aberturas não superiores a 6,5 mm e imersa num recipiente com água (isenta de impurezas e a uma temperatura de cerca de 20°C), com a água a cobrir o cesto imerso até cerca de 50 mm. Imediatamente após a imersão, o ar retido na amostra foi removido levantando o cesto que continha a amostra 25 mm acima da base do recipiente. O cesto foi levantado e reimerso 5 vezes a cerca de 5 segundos por imersão. Este processo é designado por sacudidelas. A amostra foi depois deixada em repouso, mas completamente imersa em água, durante cerca de 24 horas. Após 24 horas, o cesto e a amostra foram novamente mergulhados em água a uma temperatura de cerca de 20°C e a massa do conjunto foi pesada.

O cesto e a amostra foram então retirados da água e deixados a escorrer durante alguns minutos, após o que a amostra foi esvaziada do cesto para um pano limpo e seco com cerca de 750 mm por 450 mm. A amostra global foi seca à superfície com a ajuda de dois panos limpos e secos; o primeiro foi retirado quando já não absorvia mais humidade. A amostra foi estendida e deixada a secar ao ar, após o que foi pesada no momento em que o agregado parecia apenas húmido. Depois disso, a amostra foi colocada na estufa num tabuleiro pouco profundo a uma temperatura de cerca de 105°C, mantida durante cerca de 24 horas. A massa agregada da massa seca na estufa foi então pesada e registada numa folha de cálculo.

A absorção de água do agregado (% da massa seca) foi calculada a partir da relação abaixo indicada;

Absorção de água = [(A - D) / D] × 100   (3)

onde:

A = peso do agregado seco em superfície saturada

D = peso do agregado seco em estufa

4.3.6 Densidade a granel

A densidade aparente do agregado é a relação entre o peso ao ar de uma unidade de volume de agregado (incluindo os vazios permeáveis e impermeáveis nas partículas, excluindo os vazios entre as partículas) a uma determinada temperatura, e o peso do mesmo agregado quando seco em estufa. A densidade aparente determinada, neste estudo, seguiu um procedimento experimental semelhante ao utilizado para a determinação da absorção de água. No entanto, foi adotado um procedimento de cálculo ligeiramente diferente, utilizando a fórmula seguinte;

Densidade aparente (base seca em estufa) = D / [A - B)]   (4)

onde:

A = peso do contentor, do agregado e da água

B = peso do contentor vazio

D = peso do agregado seco em estufa

4.3.7 Densidade relativa

A densidade relativa é a relação entre a densidade (massa de uma unidade de volume) de uma substância e a densidade de um determinado material de referência. A determinação laboratorial dos valores da densidade relativa da amostra de agregado, neste estudo, seguiu o mesmo procedimento experimental utilizado para a determinação da absorção de água. A sua dedução seguiu a expressão matemática apresentada de seguida;

Densidade relativa (base seca em estufa) = D / [A - (B - C)]   (5)

onde:

A = peso do agregado seco em superfície saturada

B = peso do contentor, do agregado e da água

C = peso do recipiente e da água

D = peso do agregado seco em estufa

4.3.8 Gravidade específica

A gravidade específica é um parâmetro sem dimensão que exprime a relação entre a massa (ou peso) no ar de um volume unitário de um material e a massa do mesmo volume de água às temperaturas indicadas. A gravidade específica e os valores de absorção do agregado são necessários para conceber misturas de betão e asfalto (ASTM C127, 1990). É normalmente medida como: gravidade específica aparente - a razão entre o peso no ar de um volume unitário da parte impermeável do agregado a uma determinada temperatura e o peso no ar de um volume igual de água destilada sem gás a uma determinada temperatura, ou gravidade específica aparente - a razão entre o peso no ar de um volume unitário de agregado (incluindo os vazios permeáveis e impermeáveis nas partículas, mas não incluindo os vazios entre as partículas) a uma determinada temperatura e o peso no ar de um volume igual de água destilada sem gás a uma determinada temperatura.

Neste estudo, a determinação da gravidade específica aparente das amostras de agregados foi efectuada em . A amostra de rocha piroclástica foi esmagada e cerca de 2000 g da fração de agregado fino (tamanho que passa no peneiro ASTM n.º 4 de 4,75 mm) foi dividida em quartos, pesada e utilizada para o ensaio. A amostra pesada foi primeiro embebida durante 24 horas e depois seca num tabuleiro adequado até atingir um peso constante a uma temperatura de cerca de 105°C. Após a secagem, a amostra foi então lavada cuidadosamente num peneiro ASTM com aberturas de 71,0 mm, deixada arrefecer até uma temperatura de manuseamento confortável, imersa em água e depois deixada em repouso durante 24 horas. A amostra foi depois decantada do excesso de água, com cuidado para evitar a perda de finos, espalhada numa superfície plana exposta a uma corrente de ar quente em movimento suave e agitada frequentemente para assegurar uma secagem uniforme. A ação foi continuada até que o provete se aproximasse de uma condição de fluxo livre.

Em seguida, uma porção do agregado fino parcialmente seco foi colocada solta num molde, mantida firmemente sobre uma superfície lisa e não absorvente, com o diâmetro maior para baixo e a superfície ligeiramente compactada 25 vezes com um tampão e o molde levantado verticalmente. A secagem prosseguiu com uma agitação constante até que o agregado fino compactado se inclinou ligeiramente ao ser retirado do molde. Esta condição indica que a amostra atingiu um estado superficialmente seco. Se a humidade superficial ainda estivesse presente, o agregado fino manteria a forma do molde. Cerca de 500 a 1000 g da amostra foram imediatamente introduzidos no frasco do picnómetro, que foi então enchido com água até cerca de 90 % da sua capacidade. Em seguida, o picnómetro foi enrolado, invertido e agitado de modo a eliminar todas as bolhas de ar.

A temperatura do picnómetro foi ajustada a uma temperatura de cerca de 24°C por imersão em água em circulação e o nível de água no picnómetro foi levado a uma capacidade calibrada. O picnómetro foi então imerso num banho de água durante cerca de 30 minutos para garantir uma temperatura constante, depois de ter sido agitado continuamente de 10 em 10 minutos para garantir a eliminação de todas as bolhas de ar. Depois disso, o picnómetro foi seco, pesado e o peso registado numa folha de cálculo. O agregado fino do picnómetro foi então retirado, seco até peso constante a uma temperatura de cerca de 105°C, arrefecido ao ar à temperatura ambiente durante cerca de 1 hora e pesado. A gravidade específica aparente do agregado, à temperatura de 20°C, foi então calculada com a ajuda de uma relação matemática dada a seguir:

$$\text{Gravidade específica aparente} = e \div h \times k \qquad\qquad (6)$$

onde:

e = peso do provete seco no ar. h = peso da água deslocada.

k = fator de conversão, que depende da temperatura e da densidade relativa da água utilizada.

4.3.9 Abrasão em Los Angeles

Este ensaio, geralmente designado por "ensaio de abrasão de agregados", foi concebido para avaliar a influência da força abrasiva sobre os agregados e aplica-se, em particular, aos agregados presentes em camadas de desgaste e tratamentos de superfície. O princípio do ensaio de abrasão de Los Angeles consiste em determinar a percentagem de desgaste devido à ação de fricção relativa entre o agregado e as esferas de aço utilizadas no ensaio. Este ensaio acompanha normalmente o ensaio com sulfato de sódio na investigação inicial de uma potencial fonte de agregado. Tal como referido na norma ASTM C 535 (1988), o ensaio de abrasão de Los Angeles tem sido amplamente utilizado como indicador da qualidade relativa ou da competência de várias fontes de agregados com composições minerais semelhantes.

Neste estudo, os agregados piroclásticos foram secos no forno a 105°C durante 24 horas e depois arrefecidos à temperatura ambiente antes de serem testados. Oito esferas de aço (47 mm) foram colocadas num tambor de aço juntamente com aproximadamente 5000 g de amostra de agregado e o tambor foi rodado durante 500 rotações a uma taxa de 30 rotações/minuto. Depois de completadas as rotações, a amostra foi peneirada através de um peneiro ASTM com 1,7 mm de abertura. A quantidade de material que passa no peneiro, expressa em percentagem do peso original, é o valor de abrasão L.A. ou perda percentual.

4.3.10 Valor de trituração dos agregados

O ensaio do valor de esmagamento do agregado (ACV) é um procedimento laboratorial concebido para medir a capacidade do agregado para resistir ao esmagamento. O aparelho é constituído por um cilindro de aço temperado com 154 mm de diâmetro e 125 mm de altura, com um êmbolo que se encaixa no interior do cilindro e uma placa de base. Outras ferramentas necessárias para a experiência incluem uma barra de compactação de aço com 16 mm de diâmetro por 450-600 mm de comprimento e um cilindro de medição de metal com 115 mm de diâmetro por 180 mm de profundidade. Para além destas, existe uma máquina de ensaio de compressão capaz de aplicar uma força de até 500 kN e de dar uma taxa uniforme de força de carga durante 10 min.

O material utilizado para este ensaio foi um agregado que passou num peneiro de 14 mm e ficou retido num peneiro de 9,52 mm. Para garantir resultados experimentais fiáveis, os ensaios foram realizados em amostras limpas e secas (ou seja, amostras que foram lavadas e secas durante menos de 3 horas a uma temperatura de 100°C). O volume necessário de agregado ensaiado foi obtido enchendo a proveta graduada em três camadas, sendo cada camada socada 25 vezes com uma vareta e o topo nivelado. O volume foi então pesado e registado com uma aproximação de 0,1 g.

Um molde de aço e um êmbolo de aço foram então inseridos no molde em cima das aparas no cilindro de ensaio, e o espécime foi submetido a uma força que subiu para

400 kN, durante um período de 10 min. O objetivo era produzir uma penetração total de cerca de 20 mm durante os 10 minutos. O material fino produzido foi depois peneirado num peneiro BS de 2,36 mm. O material fino produzido (que passa num peneiro de 2,36 mm BS), expresso em percentagem da massa original, foi registado como o valor de esmagamento do agregado (ACV), seguindo a relação matemática abaixo;

$$\text{ACV} = \frac{\text{Weight passing 2.36 mm sieve}}{\text{Weight of original sample}} \times \frac{100\%}{1} \qquad (7)$$

4.3.11 Dez por cento Valor das multas

O valor de dez por cento de finos é um dos parâmetros importantes utilizados para avaliar o agregado antes da seleção e conceção de projectos de construção. A sua determinação, neste estudo, seguiu o mesmo procedimento experimental utilizado para determinar o VCA. No entanto, neste caso, o valor de 10 % de finos (TFV) é a força utilizada para produzir exatamente dez por cento de finos. A força é normalmente escalonada a partir da força necessária para produzir menos e mais de dez por cento dos finos. Neste trabalho, a percentagem de finos produzidos variou entre 7,5 % e 12,5 %. De acordo com a norma BS 812 (Parte 100, 1990), se a percentagem de finos produzidos oscilasse entre estes valores, o TFV real seria calculado de acordo com a relação abaixo;

TFV = Força para produzir 10 % de coimas = 14x/(y + 4)   (8)

onde:

x = força máxima utilizada.

y = percentagem de coimas do ensaio

4.3.12 Índice de escamação

Escamoso é o termo aplicado a agregados ou aparas que são planos e finos em relação ao seu comprimento ou largura (Fig. 4.1). Diz-se que as partículas de agregado são escamosas quando a sua espessura é inferior a 0,6 do seu tamanho médio. O índice de escamação é obtido expressando o peso do agregado escamado em percentagem do agregado ensaiado. Isto é feito através da classificação das fracções de tamanho, obtidas a partir de um agregado de classificação normal, numa bitola metálica ou em peneiras especiais para testar o grau de escamação. O calibre tem aberturas alongadas em vez de quadradas e permite a passagem de partículas de agregado com uma dimensão inferior à dimensão normal especificada, ou seja, 0,6 da dimensão normal. O processo de passagem do agregado através das aberturas é designado por "classificação". O processo de classificação é normalmente efectuado de forma mecânica ou manual.

Neste estudo, o processo de classificação foi manual e através de um calibrador metálico. O ensaio foi efectuado em agregado esquartejado, seco à temperatura ambiente, que passou no peneiro BS de 63,0 mm. O processo de classificação manual foi preferido, em vez do processo mecânico, porque as aparas escamosas tendem a "deitar-se" na superfície do peneiro em vez de caírem através da abertura. Os agregados foram separados e pesados com base no tamanho da abertura passada; o agregado que passou pelo peneiro de 6,30 mm BS foi rejeitado. O índice de escamação (FI) do agregado testado foi calculado pela equação abaixo;

$$FI = (E \div C) \times 100 \tag{9}$$

onde:

E = peso total do agregado que passa no peneiro especial

C = peso total do agregado ensaiado

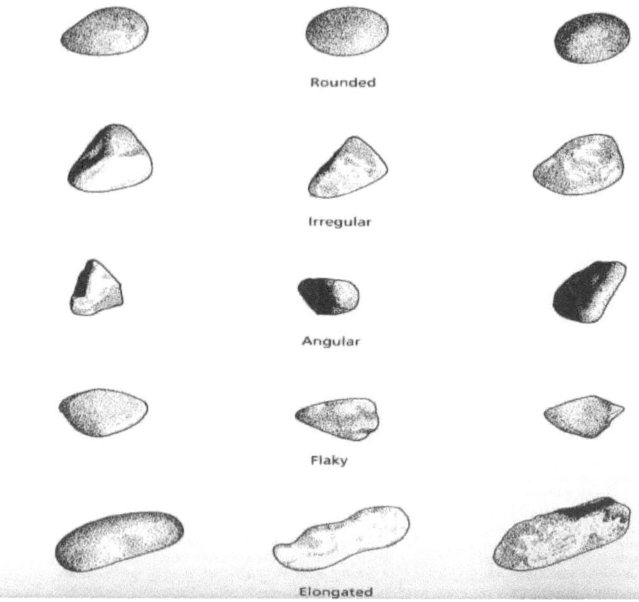

Fig. 4.1. Formas das partículas de acordo com a classificação da BS 812 Parte 1 (1975)

4.3.13 Rebote do martelo Schmidt

O teste de rebote do martelo de Schmidt foi desenvolvido em 1948 por um engenheiro suíço, Ernest Schmidt (Haramy e de Marco, 1985). O martelo de Schmidt é um instrumento portátil e económico capaz de estimar a resistência de rochas intactas com vantagens distintas em relação aos ensaios laboratoriais tradicionais. A dureza de ricochete do martelo de Schmidt é frequentemente medida durante a parte inicial da investigação de campo. Mede a dureza de um material rochoso em termos do ressalto que esse material oferece ao impacto do martelo. A distância de ressalto é mostrada por um indicador no dispositivo e é definida como o "índice de ressalto" ou número de ressalto.

São normalmente produzidas gamas significativas de dispersão quando são efectuados muitos ensaios de martelo. De acordo com Kahraman e Gunaydin (2007), esta dispersão fornece uma excelente descrição da homogeneidade do maciço rochoso e permite uma determinação estatística de graus de confiança realistas a incorporar nas avaliações de desempenho do projeto. O martelo de Schmidt é amplamente utilizado para a previsão da resistência à compressão não confinada (Kahraman, 2001), avaliação de descontinuidades de rocha (Young, 1978), abrasividade da rocha (Janach e Merminod, 1982), entre outras utilizações (Kahraman e Gunaydin, 2007).

Neste trabalho, o martelo Schmidt (tipo N) foi apontado perpendicularmente à superfície da rocha (com comprimento, largura e altura de 300 × 300 × 200 mm, respetivamente). Uma quantidade constante de energia de mola armazenada foi transmitida através de uma massa de martelo para o êmbolo, fazendo com que a massa ricocheteasse uma distância proporcional à energia total absorvida pela superfície de impacto. O martelo foi então libertado e a leitura diretamente registada como número de ressalto do martelo Schmidt. O ensaio foi repetido oito vezes em cada amostra e o valor médio de seis valores próximos foi registado como o valor do martelo Schmidt para a amostra em causa.

4.3.14 Resistência à compressão uniaxial

A resistência à compressão é a capacidade de um material suportar forças de compressão dirigidas axialmente. A medida mais comum da resistência à compressão é a resistência à compressão uniaxial ou resistência à compressão não confinada. É uma das propriedades mecânicas mais importantes do material rochoso, utilizada no projeto, análise e modelação.

Neste estudo, os espécimes de rocha piroclástica foram cortados e aparados em cilindros circulares rectos com uma relação altura/diâmetro de 2:1. Foram fixados dois dispositivos de medição da deformação axial e um circunferencial (LVDT) em cada extremidade do espécime. O espécime foi então comprimido numa máquina de compressão rígida com um assento esférico. A tensão axial foi aplicada com uma taxa de deformação constante em torno de 1 μm/s, de modo que a falha ocorreu dentro de 5 a 10 min. de carga. A carga aplicada foi medida por um transdutor de carga e as medições de deformação foram efectuadas a cada intervalo de 2 a 5 kN até à falha. A resistência à compressão uniaxial (não confinada), UCS, foi calculada como a carga de falha dividida pela área da secção transversal inicial do espécime.

4.3.15 Sulfato de sódio Solidez

Este ensaio é utilizado para avaliar a suscetibilidade ou resistência do agregado à deterioração. Simula as caraterísticas de intemperismo de um agregado através da imersão cíclica e da secagem do agregado dentro e fora de uma solução de sulfato de sódio ou de magnésio (Knofel *et al.*, 1987). Isto é frequentemente referido como "solidez do agregado". Como explicado na norma ASTM C88 (1990), o método de ensaio fornece um procedimento para fazer uma estimativa preliminar da solidez do agregado para utilização em betão e outros fins.

A aparelhagem utilizada no ensaio incluiu: um tanque (com um volume superior a cinco vezes o volume sólido da amostra); recipientes perfurados; uma peneira não corrosiva com aberturas adequadas para permitir o livre acesso da solução às amostras; um termómetro para controlo da temperatura; uma balança (precisa e legível com uma precisão de 0,1 g); uma estufa de secagem com uma taxa de evaporação de, pelo menos, 25 g/h durante 4 horas; um hidrómetro em conformidade com os requisitos da norma ASTM E 100; água de uma fonte de água potável aprovada; e cloreto de bário 0,2 molar.

O ensaio laboratorial foi efectuado nas amostras de agregados através de 5 ciclos de imersão numa solução de sulfato de sódio e secagem na estufa a uma temperatura de 65°C. Após imersão por um período de 16 a 18 horas, a amostra foi retirada da solução e deixada a escorrer durante 10 a 15 minutos antes de ser colocada na estufa. A secagem no forno continuou até a amostra atingir uma massa constante. A massa constante foi considerada atingida quando a perda de massa foi inferior a 0,1 % da massa da amostra em 4 horas de secagem. A amostra seca na estufa foi deixada arrefecer até à temperatura ambiente antes de outro ciclo de imersão.

Os agregados ensaiados foram os que passaram pelo peneiro ASTM de 19,0 mm e ficaram retidos no peneiro ASTM de 4,75 mm (de acordo com a especificação para o ensaio do agregado grosso para betão). A separação da amostra de agregado em tamanhos designados foi feita à mão, de modo a evitar a abrasão das partículas componentes mais macias. A solução salina utilizada foi uma solução saturada preparada pela dissolução de cerca de 215 g de Na2SO4 por litro de água a uma temperatura de 25°C. A mistura foi cuidadosamente agitada durante a adição do sal e deixada arrefecer até 20 a 24°C. A mistura foi deixada em repouso durante pelo menos 48 horas antes do primeiro ciclo de imersão.

Para reduzir a evaporação e evitar a contaminação, a solução foi mantida sempre tapada (ou seja, durante toda a experimentação) e para garantir a reprodutibilidade, a temperatura e a gravidade específica da solução foram documentadas diariamente. A solução foi preparada para manter uma temperatura de 20 a 24°C durante o período de imersão e a gravidade específica da solução foi mantida entre 1,151 e 1,174.

Após a conclusão do ciclo final, a amostra foi deixada arrefecer até à temperatura ambiente e, em seguida, foi lavada sem a solução salina. A confirmação da lavagem completa foi efectuada através da adição de cloreto de bário a 0,2 à água de lavagem, que se tornou límpida se a amostra estivesse limpa ou turva se fosse necessária uma lavagem adicional. A perda de material (ou seja, a percentagem de insalubridade) foi calculada e indicada num número inteiro, após o $5.^{\circ}$ ciclo, através das relações matemáticas apresentadas a seguir:

Perda percentual individual de cada fração de tamanho, c_i;

$$c_i = [(a_i - b_i)/a_i] \times 100 \tag{10}$$

onde:

a_i = massa inicial da fração de tamanho eCa b_i = massa final da fração de tamanho eCa

Perda perCentual normalizada de cada fração de tamanho, d_i;

$$d_i = [c_i \times NGP] / 100 \tag{11}$$

onde:

NGP = Percentagem de gradação normalizada (uma constante que depende do tamanho do agregado)

Perda Percentual Total, e;

$$e = \Sigma\ (d_i) \tag{12}$$

4.4 Análises estatísticas

4.4.1 Estatísticas descritivas

Foram efectuadas as seguintes análises estatísticas descritivas dos parâmetros da amostra: média, erro padrão, mediana, moda, desvio padrão, variância, curtose, assimetria, amplitude, máximo, mínimo e soma. Todos eles foram determinados utilizando o software estatístico GenStat Discovery (Edição 3).

4.4.2 Análise de correlação

A correlação é uma técnica estatística que pode mostrar se e quão fortemente os pares de variáveis estão relacionados. Esta relação pode ser linear, logarítmica ou sigmoide (Kahraman e Gunaydin, 2007). Os resultados desta análise são normalmente representados em gráficos ou apresentados sob a forma de um valor comummente designado por "coeficiente de correlação". O coeficiente de correlação (r) varia entre -1,0 e +1,0. Quanto mais próximo r estiver de +1 ou -1, mais estreitamente as duas variáveis estão relacionadas. Se r for próximo de 0, significa que não há relação entre as variáveis. Se r for positivo, significa que à medida que uma variável aumenta, a outra aumenta. Inversamente, se r for negativo, significa que à medida que uma aumenta, a outra diminui (frequentemente designada por correlação "inversa").

Embora os coeficientes de correlação sejam normalmente relatados como r = um valor (entre -1 e +1), elevá-los ao quadrado torna-os mais fáceis de entender. O quadrado do coeficiente (ou quadrado $de\ r$) é igual à percentagem da variação numa variável que está relacionada com a variação na outra. As casas decimais são normalmente ignoradas após o cálculo do $r\ ao\ quadrado$. A análise de correlação é efectuada neste estudo pelo GenStat Discovery (Edição 2003).

4.4.3 Análise de regressão

Enquanto a técnica de correlação é utilizada para testar a significância estatística da associação de parâmetros, a análise de regressão é utilizada para descrever a relação de forma precisa através de uma equação com valor preditivo. A análise de regressão tenta ajustar uma linha a um conjunto de dados (a partir de dois parâmetros), através de um método denominado regressão linear. No entanto, isto não é estritamente válido porque a regressão linear se baseia numa série de pressupostos (Davies, 1986). Em particular, uma das variáveis tem de ser "fixa" experimentalmente e/ou suscetível de ser medida com precisão. Assim, os métodos de regressão linear simples só podem ser utilizados quando uma variável experimental é definida e outra variável é testada em resposta a ela.

A variável fixa é designada por variável independente e está sempre representada no eixo dos x, enquanto a outra variável é designada por variável dependente e está representada no eixo dos y. A análise de regressão neste estudo também foi efectuada através da utilização do GenStat Discovery (Edição 3).

CAPÍTULO 5 RESULTADOS E DISCUSSÃO

5.1. Resultados dos testes laboratoriais

5.1.1 Análise Modal

Os resultados das análises petrográficas modais estão resumidos na Tabela 5.1. Uma fotomicrografia de uma das secções finas estudadas é apresentada na placa 5.5.1. A análise mostra que os piroclastos de Abakaliki consistem predominantemente em plagioclases (variando entre 21 e 60 %) e piroxénios (variando entre 6 e 12 %). Os dois minerais predominantes estão inseridos numa mistura caótica compacta de fragmentos líticos angulares a sub-angulares não selecionados (xisto e lama), que variam entre 11 e 32 %, e uma massa basáltica altamente alterada (vidro desvitrificado alterado, plagioclase, clorite e carbonato secundário), que varia entre 11 e 36 %.

A calcite amigdaloidal e o quartzo também estão presentes e variam entre 0 e 10 % e 0 e 4 %. Os minerais opacos constituem entre 3 e 8 % dos piroclastos.

É provável que o piroxénio seja augite. Ofoegbu e Amajor (1987) identificaram augite nos piroclastos de Abakaliki, que foi maioritariamente substituída por clorite e calci-plagioclase. Observaram igualmente que alguns dos piroxénios se recristalizaram e se alteraram para albite, carbonato e epidoto. Os óxidos de ferro, apatite e titânio podem provavelmente constituir os minerais opacos e acessórios (Ofoegbu e Amajor, 1987). A textura dos corpos estudados é geralmente de grão fino, caraterística do tufo vulcânico. Foram também registadas ocorrências de cinzas vulcânicas e tufos com texturas traquíticas, porfiríticas ou lapilíticas em alguns corpos piroclásticos na metrópole de Abakaliki (Ofoegbu e Amajor, 1987).

Enquanto a clorite é considerada um mineral fraco nas rochas e nos agregados, os plagioclases e outros minerais feldspáticos convertem-se facilmente em argilas em condições climáticas favoráveis, especialmente em condições de humidade elevada (Krynine e Judd, 1957; Jaeger e Cook, 1969) e de temperatura flutuante, como é o caso nos trópicos. ASTM C289

Tabela 5.1. Resultados das análises modais das amostras dos piroclastos de Abakaliki

Designação da amostra on	Componentes principais* *Plagioclásio Piroxénio Calcite Quartzo Mineral opaco Groundmass Lithic Frag.*						
A-PR1	41	6	2	0	7	14	29
A-PR2	40	7	6	1	3	11	15
A-PR3	40	8	2	0	3	28	32
A-PR4	40	12	10	0	8	16	14
A-PR5	42	10	4	1	7	18	18
A-PR6	57	8	6	2	5	14	11
A-PR7	43	8	4	2	8	21	17
A-PR8	43	10	1	3	6	17	20
A-PR9	21	12	2	2	6	36	21
A-PR10	60	11	0	3	3	12	11
A-PR11	48	8	4	3	8	15	14
A-PR12	44	10	2	4	3	13	24
A-PR13	56	8	3	2	3	12	11
A-PR14	44	8	4	2	8	21	13
A-PR15	52	6	2	3	6	15	16
Mínimo m	*21*	*6*	*0*	*0*	*3*	*11*	*11*
Máximo de m	*60*	*12*	*10*	*4*	*8*	*36*	*32*
Média	*44*	*9*	*4*	*2*	*6*	*18*	*18*

* os constituintes indeterminados são registados como zero (0)

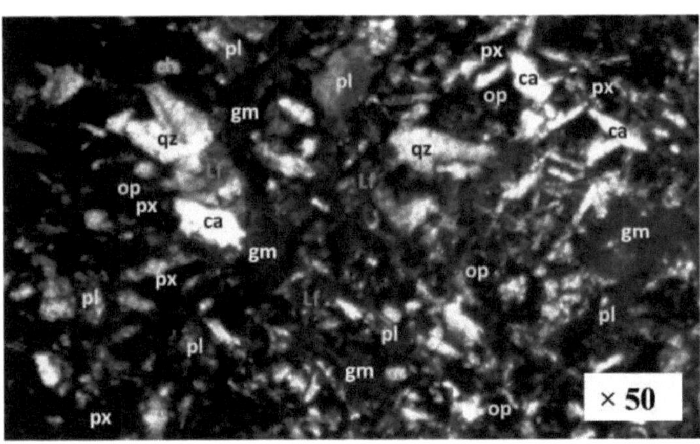

Placa 5.5.1. Fotomicrografia representativa de amostras [Ministry of Works Quarry (A-PR06); (pl-plagioclase, px - piroxénio, ca-calcite, qz-quartzo, op-opaque mineral, gm-ground mass]

(1987) observa que certos materiais, tais como algumas formas de sílica, como a opala, a calcedónia, a tridimite e a cristobalite, alguns vidros vulcânicos intermédios a ácidos

40

(ricos em sílica) (susceptíveis de ocorrer em riolitos, andesitos ou dacitos), certos zeólitos (por exemplo, heunlandite) e certos constituintes de alguns filitos] são conhecidos por serem reactivos com os álcalis nos cimentos.

Tendo em conta o facto de algumas amostras de rocha dos piroclastos de Abakaliki apresentarem veios de quartzo e quartzo amigdaloidal, bem como groundmass vítreo, podem também conter algumas destas formas reactivas de sílica. Alguns destes materiais reactivos tornam um agregado prejudicialmente reativo quando presentes em quantidades tão pequenas como 1,0% ou mesmo menos (ASTM C289, 1987). De acordo com Krynine e Judd (1957), o elevado teor de quartzo nas rochas faz com que os agregados delas provenientes sejam "hidrofílicos". A condição hidrofílica ocorre quando um agregado tem maior afinidade com a água do que o betume. Um exemplo de uma fonte de agregado hidrofílico é o granito; o seu teor de quartzo é normalmente superior a 60% (Bangar, 2005).

A utilização de agregados hidrofílicos resulta em "stripping" (Krynine e Judd, 1957) nos pavimentos rodoviários. O baixo teor de quartzo (0 a 4%) nos piroclastos de Abakaliki pode significar que são "hidrofóbicos" (ou seja, maior afinidade com o betume do que com a água).

5.1.2 Análises geoquímicas

Os resultados das principais análises de óxidos geoquímicos dos piroclastos de Abakaliki estão resumidos no Quadro 5.2. Os intervalos dos óxidos são os seguintes: SiO_2 42,05 a 46,40%; Al_2O_3 12,01 a 16,42%; óxido de Fe total 4,03 a 10,82%; MgO 1,10 a 5,90%; CaO 5,62 a 17,22%; Na_2O 2.30 a 4,94%; K_2O 0,36 a 1,97%; TiO 1,20 a 3,61%; P_2O_5 0,52 a 4,54%; MnO 0,35 a 3,95% e perda por ignição (LOI) 1,84 a 9,47%.

Os resultados indicam que uma quantidade significativa de SiO_2 está presente nas amostras de piroclastos e reforçam a quantidade apreciável de minerais de silicato (plagioclase, piroxénio e quartzo amigdaloidal) registada nas secções finas piroclásticas. Também se regista uma percentagem apreciável de CaO em peso, o que pode ser um reflexo da quantidade significativa de calcite amigdaloidal e secundária dos piroclastos. Ene e Okagbue (2009) referiram que as poeiras dos piroclastos de

Abakaliki têm potencial pozolânico para estabilizar solos expansivos e atribuíram esta capacidade ao elevado teor de CaO. Os teores de Na_2O e K_2O são também substanciais, confirmando a classificação dos piroclastos de Abakaliki como alcalinos e básicos, dada anteriormente por Olade (1979) e Obiora e Umeji (1995).

Sowers e Sowers (1970) atribuem os valores de gravidade específica das rochas aos teores de elementos; o Fe e o Mg representam uma grande fração (4,03 - 10,82 % e 1,10 - 5,90 %, respetivamente) destes elementos nos piroclastos estudados. Tendo em conta este facto, os piroclastos são

Tabela 5.2. Resumo das principais análises de óxidos das rochas piroclásticas de Abakaliki

Sample No.	Major oxides										
	SiO_2	Al_2O_3	$Fe_2O_3{}^*$	MgO	CaO	Na_2O	K_2O	TiO_2	P_2O_5	MnO	LOI^{**}
A-PR01	42.82	15.75	5.18	2.76	16.30	4.07	0.65	1.92	4.54	2.44	2.42
A-PR02	44.15	13.21	7.10	5.45	12.33	4.21	0.67	2.58	1.33	3.14	3.79
A-PR03	44.13	16.02	6.46	4.05	10.24	3.78	1.78	1.20	3.85	3.96	2.47
A-PR04	46.01	14.82	5.34	3.96	17.22	4.23	1.09	1.41	0.52	2.43	1.84
A-PR05	43.32	14.56	6.28	2.84	16.52	2.61	0.36	3.18	0.89	1.18	7.13
A-PR06	44.40	15.40	6.92	3.01	12.02	3.05	1.92	2.10	2.65	2.85	3.23
A-PR07	42.59	14.57	6.87	4.87	15.70	4.26	1.57	1.25	1.25	2.87	4.08
A-PR08	43.46	16.48	4.03	4.16	14.02	3.42	1.54	1.56	2.51	0.74	5.61
A-PR09	46.24	13.94	5.62	3.10	16.23	4.94	1.97	1.24	1.09	0.35	9.47
A-PR10	42.05	14.02	6.50	5.90	14.56	2.30	0.84	3.31	3.21	2.91	5.60
A-PR11	46.40	15.21	10.82	1.10	5.62	4.12	0.63	3.61	2.83	0.84	7.78
A-PR12	46.50	13.01	8.12	2.89	11.81	4.63	0.62	2.27	0.76	1.28	7.98
A-PR13	44.60	12.01	9.01	3.12	14.53	3.24	1.64	1.50	1.35	3.71	5.07
A-PR14	42.21	16.42	7.20	5.25	12.42	4.01	0.82	1.23	2.48	0.96	7.64
A-PR15	43.42	14.62	5.46	1.83	14.15	2.88	1.69	3.20	1.87	1.02	6.93

*total Fe.

**perda na ignição

com valores de gravidade específica elevados. A riqueza em Fe e Mg (ou seja, minerais ferromagnesianos) está de acordo com a natureza básica dos piroclastos. O elevado teor de SiO^2, todos acima de 40 %, pode indicar que os agregados piroclásticos são reactivos com álcali-sílica (Eze, 1997). A reação álcali-sílica é conhecida por ser uma fonte de diminuição da durabilidade do betão.

5.1.3 Atividade equivalente ao rádio

Hamilton (1971) define a atividade equivalente de rádio (Ra_{eq}) como uma soma ponderada das concentrações de atividade dos radionuclídeos. Segundo o Comité Científico das Nações Unidas para os Efeitos das Radiações Atómicas (USCEAR, 1982), a Raeq é um índice comum utilizado para comparar a concentração total da atividade do urânio (U), do tório (Th) e do potássio (K). Estes elementos são radionuclídeos e a sua elevada concentração nos agregados de pode apresentar alguns riscos para a saúde quando esses agregados são utilizados como material de construção.

Como se mostra na Tabela 5.3, a concentração de urânio nos piroclastos de Abakaliki varia de 1 a 3 ppm (0,01 a 0,03 Bq.kg^{-1}) e a concentração de tório de 2 a 7 ppm (0,02 a 0,07 Bq.kg^{-1}) com o Raeq calculado a variar de 20,00 a 62,90 Bq.kg^{-1}. De acordo com a recomendação do USCEAR (1982), o Raeq em materiais de construção deve ser inferior a 370 Bq.kg^{-1}, especialmente para casas de habitação. Com base nesta recomendação, a utilização dos piroclastos de Abakaliki para a construção de habitações não representaria provavelmente qualquer risco para a saúde, uma vez que os seus Raeq se situam muito abaixo do nível máximo admissível para habitações.

Tabela 5.3. Gama de concentrações de atividade e atividade equivalente de rádio (Ra$_{eq}$, em Bq/kg) dos piroclastos de Abakaliki

Radioactive element	Abakaliki Pyroclastics		Max. permissible limit (Bq.kg^{-1}) (UNSCEAR, 1982)	*Remarks*
	*Conc. in ppm**	*Conversion***		
Uranium	1 – 3	0.01 – 0.03		
Thorium	2 – 7	0.02 – 0.07		Suitable for
Potassium	-	-		use as
				aggregate for
				construction of
Ra$_{eq}$		20.00 – 62.90	370	dwelling
				homes.

*data (in parts per million) from Ofoegbu and Amajor (1987)

**conversion to Becquerel per kilogram (Bq.kg^{-1})

- below detection

5.1.4 Teor de humidade natural

Os valores do teor de humidade natural (Wn) registados nas amostras dos piroclastos de Abakaliki variaram entre 0,1 e 0,3 %, com um valor médio de 0,16 % (Tabela 5.4). O Wn é um parâmetro que indica a quantidade de água que um material rochoso contém no seu estado natural. Em

Quadro 5.4. Resultados dos ensaios de teor de água, densidade e gravidade específica das amostras dos piroclastos de Abakaliki

Sample designation	Parameter				
	W_n (%)	W_a (%)	BD (mg/m^3)	RD^* (mg/m^3)	SG^{**}
A-PR1	0.1	1.3	1.48	2.39	2.61
A-PR2	0.2	1.0	1.67	2.39	2.65
A-PR3	0.2	1.1	1.63	2.38	2.64
A-PR4	0.1	1.2	1.55	2.31	2.59
A-PR5	0.3	1.2	1.58	2.33	2.58
A-PR6	0.2	1.1	2.10	2.37	2.63
A-PR7	0.1	0.8	1.50	2.31	2.74
A-PR8	0.1	0.7	1.46	2.30	2.78
A-PR9	0.1	0.8	1.48	2.37	2.70
A-PR10	0.2	1.5	1.56	2.36	2.52
A-PR11	0.2	0.7	1.80	2.32	2.70
A-PR12	0.2	0.9	1.92	2.33	2.68
A-PR13	0.2	0.7	1.96	2.35	2.78
A-PR14	0.1	1.2	1.58	2.34	2.62
A-PR15	0.1	1.4	1.49	2.36	2.56

*base seca ao forno

**medido como gravidade específica aparente

Para além dos factores que controlam o W_n, as condições climáticas, a quantidade e a duração da precipitação, a humidade relativa, a intensidade e a duração da luz solar e a temperatura de uma área também podem influenciar o valor de Wn registado nas amostras de rocha. Como seria de esperar, a mesma amostra de rocha daria valores diferentes de Wn quando ensaiada em condições laboratoriais variadas ou amostrada e ensaiada em estações climáticas diferentes; seria provável que se registasse um Wn mais elevado numa amostra no pico da estação das chuvas do que no período fora do pico. A amostragem e o ensaio das amostras foram realizados no pico da estação seca (novembro a janeiro), pelo que o Wn dos piroclastos pode aumentar na estação húmida para um valor superior a 0,3 %. Devido a estas inconsistências, o Wn é raramente utilizado como parâmetro para avaliar agregados de construção (Jaeger e Cook, 1969).

A investigação de campo e a análise modal efectuadas neste trabalho mostraram semelhanças na textura das amostras de rocha dos vários corpos piroclásticos da metrópole de Abakaliki. A textura é geralmente conhecida por influenciar a porosidade das rochas e, uma vez que as amostras de rocha dos corpos piroclásticos têm uma textura semelhante e estão sob as mesmas condições climáticas, grau de meteorização e condições de teste laboratorial, a sua porosidade e Wn são obrigados a variar de perto. Uma variação muito baixa nos valores de Wn das amostras testadas (0,1 - 0,3 %) pode reforçar a estreita semelhança na natureza das amostras.

5.1.5 Absorção de água

Os resultados da análise da absorção de água (Wa) são apresentados no Quadro 5.4 e indicam que a Wa variou entre 0,71 % e 1,5 %, com um valor médio de 1,04 %. Krynine e Judd (1957) observaram que a quantidade de água que um agregado pode absorver tende a ser um excelente indicador da resistência do agregado, por outras palavras, da sua fraqueza. Observaram que os agregados fortes terão um valor de Wa muito baixo, normalmente inferior a 1,0 %. Eze (1997) observou que, acima de 4,0 % de Wa, a aceitabilidade de um agregado como material de construção exigiria análises adicionais de impacto, dureza, solidez e resistência para ser verificada. De acordo com a ASTM C127 (1990), o Wa do agregado de construção deve ser inferior a 2,5 %. O facto de muitas das amostras (oito em quinze) dos piroclastos de Abakaliki terem registado valores de Wa superiores a 1,0 % torna obrigatória a realização de mais ensaios de impacto, dureza, solidez e resistência para determinar a sua adequação como agregado de construção.

Investigações anteriores (Krynine e Judd, 1957; Waltham, 1994) revelaram que os agregados com elevada cintura podem ser susceptíveis de uma rápida deterioração e também não são aceitáveis como material de construção de estradas. Também é provável que se verifiquem explosões no betão de cimento Portland que incorpora este tipo de agregado rochoso (Eze, 1997). Nas misturas betuminosas, o baixo Wa do ligante e a elevada afinidade com a água (natureza hidrofílica) do agregado (especialmente os agregados de silicato) podem resultar numa baixa adesão entre o agregado e o ligante. Este facto pode exigir a adição de agentes anti-deslizamento ao betume dos produtos (Wood *et al.*, 1960).

Os factores que controlam a Wa nas rochas, de acordo com Jaeger e Cook (1969), incluem a composição mineral (especialmente o conteúdo feldspático), o grau de meteorização e a textura e estrutura da rocha. Uma comparação das tendências dos dados, apresentada na Fig. 5.1, mostra que o teor de plagioclase e os resultados de w_a das amostras dos piroclastos de Abakaliki apresentam uma concordância razoável nas suas tendências. O estudo notou, a partir da observação de campo, que as amostras testadas eram todas frescas e geralmente de grão fino, sugerindo assim que o teor de plagioclase, até certo ponto, influenciou os valores de w_a obtidos nas amostras.

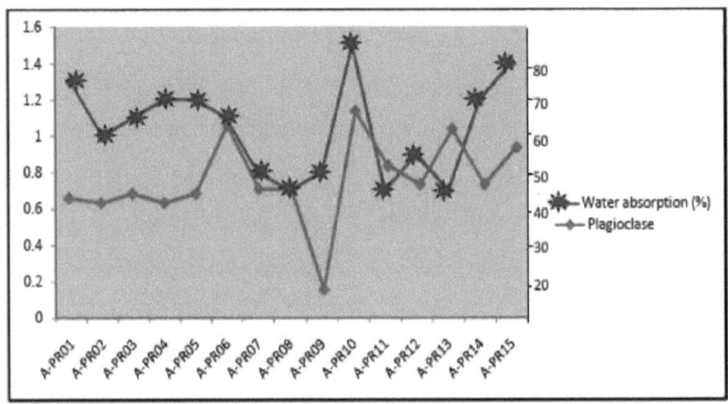

Fig. 5.1. Comparação gráfica dos resultados do teor de plagioclásio e da absorção de água das amostras estudadas

5.1.6 Densidade aparente

Os resultados mostram que os valores de BD variam de 1,40 a 2,10 mg/m^3, com valor médio de 1,65 mg/m^3 (Tabela 5.4). A DQ reflecte a densidade total do material (incluindo o conteúdo de vazios). Krynine e Judd (1957) identificaram uma elevada quantidade de vazios, um elevado teor de humidade e a presença de minerais fracos ou de baixa densidade (especialmente feldspatos e argilominerais) como alguns dos factores que podem resultar em valores baixos de densidade básica nas rochas. De acordo com Sowers e Sowers (1970), os vazios em rochas cristalinas podem resultar da textura, das caraterísticas ou defeitos estruturais e do grau de meteorização.

As amostras frescas de piroclastos de Abakaliki mostraram uma textura de grão fino comparável à de uma rocha basáltica e devem ter vazios semelhantes e, por sua vez, valores de BD semelhantes. A Tabela 5.5 apresenta uma comparação dos valores de

BD de algumas rochas de grão fino e de outras rochas normalmente utilizadas como materiais de construção. Como se pode ver na tabela, o valor médio de BD dos piroclastos de Abakaliki é bastante baixo em comparação com os de outras rochas de grão fino, como o basalto e o diorito.

Tabela 5.5. Densidades aparentes de alguns tipos de rochas habitualmente utilizadas como materiais de construção.

Tipo de rocha	N.º de amostras	Média (mg/m³)	Desvio padrão
Piroclastos de Abakaliki*	15	1.65	0.20
Andesite	197	2.65	0.13
Basalto	323	2.74	0.47
Diorite	60	2.86	0.12
Dolerite (Diabásio)	224	2.89	0.13
Gabro	98	2.95	0.14
Granito	334	2.66	0.06
Pórfiro de quartzo	76	2.62	0.06
riolito	94	2.51	0.13
Sienito	93	2.70	0.10
Traquito	71	2.57	0.10
Arenito	107	2.22	0.23

*dados do presente estudo, os restantes de Carmichael (1984)

Uma comparação das tendências dos dados, apresentada na Fig. 5.2, indica que pode existir uma forte concordância entre as tendências de variação da BD e do Wn das amostras de agregados testadas. Isto sugere que o teor de humidade influenciou a BD das rochas piroclásticas testadas. Também como se mostra na Fig. 5.3, existe uma semelhança marginal nas tendências de variação entre a densidade aparente e a plagioclase e a densidade aparente e a massa do solo, sugerindo que o aumento da plagioclase e da massa do solo pode aumentar a densidade aparente. A implicação destas tendências pode ser que a presença de minerais fracos e o teor de humidade são factores que influenciam a densidade aparente de, pelo menos, piroclastos, se não de outras rochas de grão fino.

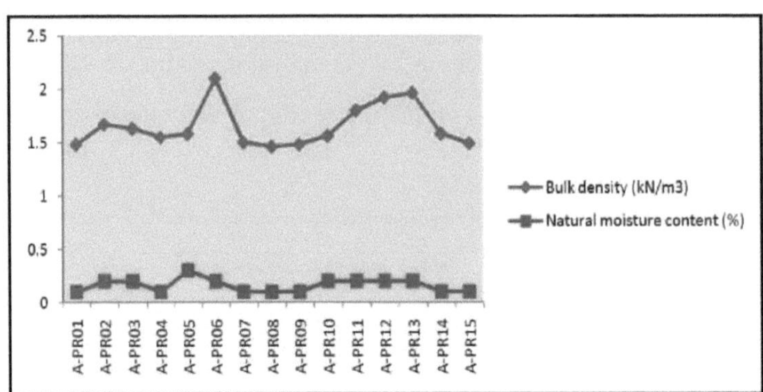

Fig. 5.2. Comparação gráfica dos resultados da densidade aparente e do teor de humidade natural das amostras de rocha testadas

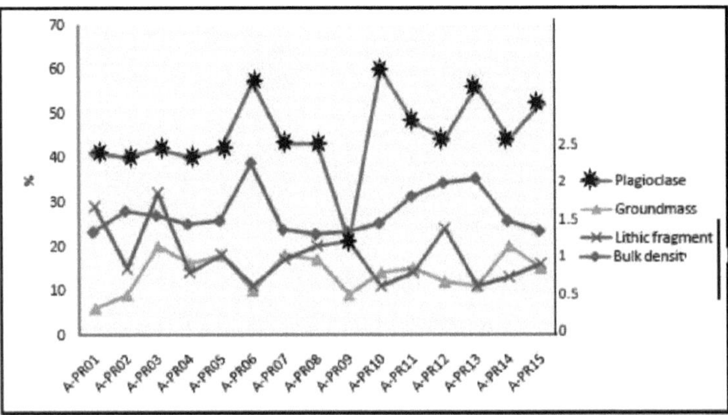

Fig. 5.3. Comparação gráfica dos resultados da densidade aparente e dos constituintes variáveis das amostras de rocha estudadas

O facto de os piroclásticos de Abakaliki terem valores de BD inferiores aos de outras rochas de grão fino, como basaltos e dioritos, pode ser explicado pelo facto de os primeiros terem quantidades de minerais fracos e teores de humidade diferentes dos dos basaltos e dioritos. O inverso é o caso da BD e do fragmento lítico. O fragmento lítico dos piroclastos de Abakaliki é predominantemente xisto e lama, que são materiais de baixa densidade que têm a capacidade de afetar negativamente a BD de uma rocha. Assim, o apreciável fragmento lítico pode ter resultado no baixo valor de BD registado nos piroclastos. O valor médio significativamente mais baixo de BD (1,65 mg/m^3) dos piroclastos de Abakaliki, quando comparado com os valores médios de BD de algumas rochas habitualmente utilizadas como agregados de construção (ver Tabela 5.5), pode indicar má qualidade como agregados de construção, a julgar pelo seu baixo BD.

5.1.7 Densidade relativa

Os valores de densidade relativa (DR) das amostras testadas (base seca em estufa) variam de 2,30 a 2,39 mg/m^3 (Tabela 5.4). Este facto pode indicar uma variabilidade muito baixa nos valores de DR entre as amostras; a diferença entre os valores mais baixos e mais altos é inferíor a 0,1 mg/m^3. Este facto sugere novamente uma grande semelhança nas propriedades físicas e, em menor grau, nas propriedades mineralógicas dos corpos piroclásticos amostrados. Quando comparados com os valores de RD (2,86 - 2,99 mg/m^3) obtidos em algumas rochas basálticas da África Austral (Paige-Green, 2007), torna-se evidente que os corpos piroclásticos testados registaram RD baixos (todos caem abaixo de 2,39 mg/m$^{3)}$.

RD é o parâmetro caraterístico geralmente utilizado para calcular o volume ocupado pelo agregado em várias misturas que contêm agregado, tais como betão de cimento Portland, betão betuminoso e outras misturas que são proporcionadas ou analisadas numa base de volume absoluto. Também é usado no cálculo de vazios no agregado para certificar se o agregado foi bem absorvido. De acordo com Paige-Green (2007), o baixo valor de RD ($\leq$ 2,6 mg/m^3) de um agregado de construção pode indicar a sua suscetibilidade à degradação. Isto sugere que os piroclastos de Abakaliki podem degradar-se e ter um mau desempenho como agregados em betão de cimento Portland, bem como em betão betuminoso e para outros fins de construção. Como agregados de cimento Portland e betão betuminoso, os piroclastos podem produzir betão de baixa densidade com baixa capacidade de carga.

5.1.8 Gravidade específica

A gravidade específica (SG) dos agregados piroclásticos varia entre 2,52 e 2,78, conforme apresentado na Tabela 5.4. Krynine e Judd (1957) referem que a SG ou peso unitário (γ) de uma rocha depende da densidade dos seus constituintes e da quantidade de água nos poros. Por , se a rocha for dominada por plagioclase, calcite ou clorite, a sua SG deve variar entre 2,62 e 2,90 (ver Lambe e Whitman, 1969). Também foi referido (Jaeger e Cook, 1969) que a SG é um reflexo da quantidade de elementos pesados (especialmente Fe e Mg) presentes numa rocha. Este facto é apoiado por uma correlação gráfica dos resultados de dois elementos pesados (Fe e Mg) e SG obtidos neste estudo (Fig. 5.4). Esta figura mostra uma boa concordância nas tendências de variação dos dois elementos pesados e da SG. No entanto, nota-se uma ligeira incoerência nas amostras A- PR08, A-PR10 e A-PR11, o que sugere que outros factores podem por vezes estar em jogo na relação entre os elementos pesados e a gravidade específica.

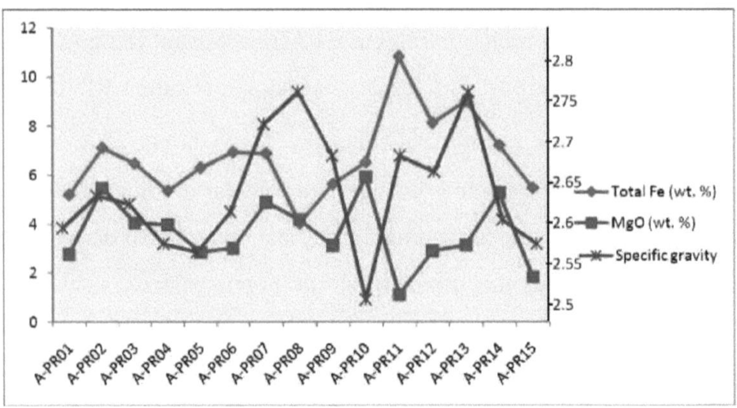

Fig. 5.4. Comparação gráfica das tendências dos dados de elementos pesados totais e SG das amostras estudadas

Na maioria dos casos, no entanto, a SG serve como um meio indireto de determinar a quantidade de minerais estáveis e potencialmente duráveis nos agregados. Os agregados com valores elevados de SG (acima de 2,65; Reidenouer, 1970) são geralmente adequados para a construção. Os valores de SG também podem indicar uma boa qualidade da categoria de agregados não intemperizados. Eze (1997) registou uma gravidade específica elevada em charnockites da Nigéria e atribuiu esse facto ao teor relativamente elevado de minerais ricos em ferro. Os piroclastos de Abakaliki têm uma SG média de 2,65, o que pode ser uma indicação de boa adequação como material de construção. Este valor, no entanto, é suscetível de diminuir, em serviço, à medida que estes materiais ficam expostos a condições de intemperismo (Bell, 1993), o que normalmente resulta na deterioração do material.

50

5.1.9 Valor de Abrasão Los Angeles

Um resumo dos resultados dos ensaios de agregados nas amostras estudadas é apresentado no Quadro 5.6. Os resultados indicam que o valor de abrasão de Los Angeles (LAAV) das amostras ensaiadas varia entre 11 e 25 %, com um valor médio de 19 %. A principal aplicação do ensaio LAAV é a avaliação de agregados para utilização como metal rodoviário, onde se espera que resistam à força abrasiva dos pneus de automóveis. Prevê-se que os valores exigidos de LAAV variem consoante o peso do tráfego comercial por faixa de rodagem. Por exemplo, o Ministério dos Transportes do Reino Unido (DoT, 1993) recomenda um valor máximo de 10 % para o VLAA dos agregados para as faixas de rodagem que transportam mais de 3250 veículos comerciais por dia, enquanto considera suficiente um valor máximo de 14 % para o VLAA dos agregados para as faixas de rodagem que transportam menos de 250 veículos comerciais por dia.

Waltham (1994) observou que quanto mais pequeno for o LAAV, menor será a abrasão do agregado. De acordo com o DoT (1993), a exclusão de agregados com baixo LAAV é relevante apenas para agregados revestidos de 20 mm (ou seja, pré-revestimentos) aplicados a camadas de desgaste de asfalto laminado a quente. De um modo geral, as rochas de grão fino produzem normalmente agregados britados com baixo (inferior a 15 %) LAAV, enquanto as rochas de grão grosso produzem agregados com LAAV superior a 15 % (Waltham, 1994). Este facto pode explicar a razão pela qual as rochas de armadilha (i.e., basalto e outras

Tabela 5.6. Resultados dos ensaios de agregados nas amostras de piroclastos de Abakaliki

Sample designation	Aggregate parameter			
	LAAV (%)	*ACV (%)*	*TFV (kN)*	*FI (%)*
A-PR1	15	14	104	30
A-PR2	18	11	110	25
A-PR3	20	8	122	22
A-PR4	22	15	118	28
A-PR5	23	12	120	24
A-PR6	20	10	106	30
A-PR7	15	11	180	22
A-PR8	18	13	200	20
A-PR9	17	13	150	31
A-PR10	25	13	102	32
A-PR11	11	10	175	20
A-PR12	20	13	170	25
A-PR13	16	12	202	18
A-PR14	19	12	110	31
A-PR15	22	12	108	30

rochas com propriedades semelhantes) têm os seus LAAVs dentro de limites aceitáveis, geralmente inferiores a 10 % (Waltham, 1994).

Os agregados testados da rocha piroclástica de Abakaliki têm um LAAV médio de 19%, o que sugere que os agregados podem não servir bem como camada de superfície em projectos rodoviários, apesar da sua natureza de grão fino. Esta aparente anomalia pode ser explicada pela presença de minerais fracos (fragmento lítico de xisto, vidro vulcânico e clorite) nos piroclastos estudados. De facto, Van Rooy e Nixon (1990) documentaram que a textura e a mineralogia são factores que controlam a dureza e a durabilidade das rochas e dos agregados. E uma vez que o LAAV é uma medida da dureza dos agregados (Waltham, 1994), é surpreendente que os piroclastos de Abakaliki tenham produzido LAAV (média de 19%) que é superior ao esperado. Condições climáticas adversas (elevado volume de precipitação e temperatura elevada e flutuante), como é o caso da Nigéria e de outros países dos trópicos, facilitariam a decomposição dos minerais feldspáticos em argila e essa deterioração afectaria o piroclasto de Abakaliki como agregado de construção, em serviço.

5.1.10 Valor de trituração dos agregados

Os valores de esmagamento do agregado (ACVs) das amostras testadas variam entre 8 e 15 %, com um valor médio de 12 % (Tabela 5.6). O VCA de um agregado é um valor que indica a capacidade do agregado para resistir ao esmagamento. É largamente controlado pela textura, mineralogia e grau de solidez do agregado (Waltham, 1994; Eze, 1997). Waltham (1994) registou um VCA de 14 % no basalto e de 17 % no granito, o que implica que as rochas de granulometria grosseira podem produzir agregados com menor resistência ao esmagamento do que as rochas de granulometria fina. Uma comparação dos valores de VCA dos piroclastos estudados com os dos basaltos e granitos sugere que os piroclastos de Abakaliki têm os seus VCAs entre os dos dois tipos de rochas geralmente considerados como bons exemplos dos principais tipos de rochas ígneas utilizadas como agregados de construção.

Waltham (1994) refere que os agregados com um VCA inferior a 5 % seriam bem utilizados como material de construção, ao passo que os agregados com um VCA superior a 35 % teriam muito provavelmente um mau desempenho como materiais de construção. Lefond (1975) considerou 30 % como o limite superior do VCA para um agregado fiável. Com base nestas recomendações, os piroclastos de Abakaliki produziriam agregados que teriam um bom desempenho quando utilizados em projectos de construção onde as tensões de esmagamento são dominantes. Este VCA favorável dos agregados dos piroclastos resultou muito provavelmente da sua textura de grão fino, uma vez que tem sido amplamente observado por vários investigadores que as rochas de grão grosso registam uma perda percentual relativamente elevada de valores no ensaio de VCA.

5.1.11 Dez por cento do valor das coimas

O valor de dez por cento de finos (TFV) das amostras de agregados ensaiadas varia entre 102 e 202 kN, com um valor médio de 138 kN (Tabela 5.6). O TFV é considerado um dos parâmetros importantes utilizados para avaliar o agregado antes da seleção e conceção de projectos de construção em que se esperam tensões de impacto e esmagamento. Normalmente, complementa a determinação do VCA dos agregados.

Bell (1993) refere que as rochas ígneas de grão grosso, como o granito, não são geralmente tão adequadas como os tipos de grão fino, uma vez que esmagam mais facilmente. Por outro lado, as rochas vulcânicas muito finas e vítreas são frequentemente inadequadas, uma vez que, quando esmagadas, produzem agregados com arestas vivas (Bell, 1993). West (1994) apresentou uma expressão matemática (Equação 10) que relaciona inversamente o TFV com o valor de impacto agregado (AIV). A equação é apresentada a seguir;

TFV (em kN) = K/AIV   10)

em que; K = uma constante, que varia entre cerca de 3000 (para pedra britada) e 4000 (para gravilha)

A equação acima indica que os agregados com TFV elevado teriam provavelmente um AIV baixo, o que implica que, durante a avaliação do agregado, um dos ensaios poderia substituir adequadamente o outro, especialmente durante a investigação preliminar do material.

Waltham (1994) observou que um agregado que servirá bem, em geral, como material de construção terá um TFV superior a 400 kN, enquanto os que têm um TFV inferior a 20 kN serão provavelmente 67

não fiáveis e não duráveis, especialmente quando utilizados como pedra de estrada. Segundo ele, os agregados com TFV entre 20 e 400 kN seriam marginais como agregado de construção. As amostras de agregados testadas dos piroclastos de Abakaliki têm todas um VFV entre 102 e 202 kN, o que sugere uma boa adequação como material de construção, especialmente em projectos rodoviários. O TFV geralmente baixo (inferior a 400 kN) registado nas amostras dos piroclastos pode, muito provavelmente, ser um reflexo da natureza de grão fino da rocha e da sua origem vulcânica, que pode ter produzido agregados com arestas vivas durante a britagem.

5.1.12 Índice de escamação

Como se pode ver na Tabela 5.6, o índice de escamação (IF) dos agregados testados varia entre 18 e 32%, com um valor médio de 26%. Um agregado escamoso é denotado pela sua forma caraterística com uma extensão dimensional (cuboidal) em detrimento de outras dimensões (ver Fig. 4.3). O ensaio FI mede, portanto, a semelhança de um agregado com um cuboide. Lester (1981) descobriu que a forma do agregado afecta a sua trabalhabilidade, interbloqueio e densidade sob vibração ou compactação. Assim, os agregados com faces arredondadas não se interligam e, embora sejam facilmente trabalháveis, têm uma densidade mais baixa devido aos grandes vazios, enquanto os agregados escamosos se interligam satisfatoriamente e têm uma densidade apreciável e uma trabalhabilidade razoável, mas são susceptíveis de fissurar durante a compactação. Também proporcionam menos textura quando são utilizados em revestimentos superficiais (Krynine e Judd, 1957).

Waltham (1994) salientou que os agregados com um valor de FI de 20 % e inferior servirão bem como de construção, enquanto que aqueles com valores superiores a 70 % dificilmente serão aceitáveis. Segundo ele, um agregado muito bom para ser utilizado como pedra de estrada deve ter um FI de 3 % ou inferior. Isto indica que os agregados dos piroclastos de Abakaliki, que têm um FI entre 18 e 32 %, teriam um desempenho apenas marginal como agregado de construção (no que respeita ao valor FI) e seriam considerados completamente inaceitáveis como pedra de estrada.

A classificação dos piroclastos de Abakaliki como de utilização marginal como agregado de construção e totalmente inaceitável como pedra de estrada deve-se ao elevado índice de escamação, possivelmente resultante da origem vulcânica e da natureza de grão fino. Bell (1993) observou que as rochas vulcânicas de grão fino produzem agregados com arestas vivas durante a britagem. A Fig. 5.5 revela que, apesar do facto de todas as amostras serem semelhantes em textura, apresentam uma ligeira variação na tendência de FI. As tendências de variação do FI e do teor de piroxénio revelaram alguma semelhança nas tendências dos dados.

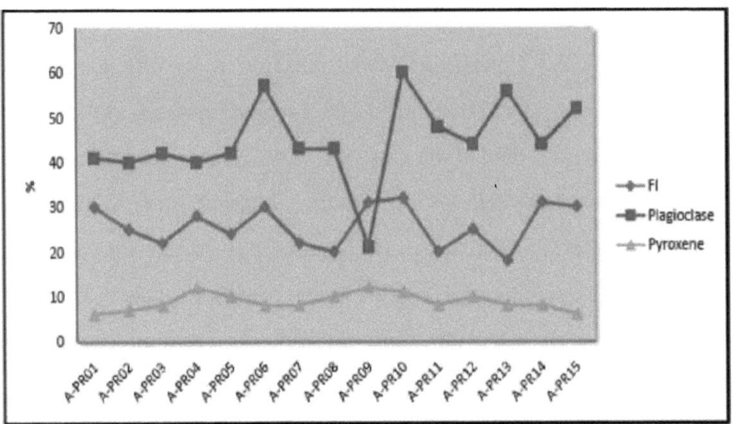

Fig. 5.5. Comparação gráfica dos resultados de FI e componentes mineralógicos principais

5.1.13 Rebote do martelo Schmidt

Os resultados dos ensaios de ricochete do martelo Schmidt nas amostras ensaiadas são apresentados na Tabela 5.7. A tabela indica que o número de ressalto (R) varia de 32 a 48%, com um valor médio de 38%. Roberts (1977) e Franklin e Dusseault (1989) mostraram que R depende das propriedades elásticas da rocha. Outros estudos (Krynine e Judd, 1957; Waltham, 1994; Eze, 1997) também sugeriram outros factores que poderiam influenciar R, incluindo o grau de classificação da superfície da rocha dura. Krynine e Judd (1957), Jaeger e Cook (1969), Bell (1993) e Waltham (1994) opinaram que as rochas duras seriam normalmente identificadas com boa resistência e propriedades mecânicas e, geralmente, com bom desempenho como materiais de construção. A predominância de minerais fracos é provavelmente o principal fator que provocou o R relativamente baixo registado pelos piroclastos de Abakaliki.

5.1.14 Resistência à compressão uniaxial

Os valores de resistência à compressão não confinada (UCS) das amostras testadas variam entre 40 e 122 MPa, com valor médio de 69 MPa (ver Tabela 5.7). Eze (1997) observou que uma rocha sã (desprovida de fissuras e defeitos) teria uma UCS próxima ou superior a 200 MPa para ser considerada uma boa fonte de agregado para a maioria das obras de engenharia civil. Neville (1973) considera este valor (200 MPa) como o limite inferior abaixo do qual um material é considerado um mau material agregado.

Dois esquemas de classificação de rochas com base no UCS são apresentados nas Tabelas 5.8a e 5.8b. De acordo com a Tabela 5.8a, seis das quinze amostras testadas dos piroclastos de Abakaliki classificam-se como moderadamente fortes, cinco como fortes e as outras quatro como rochas muito fortes.

De acordo com o Quadro 5.8b, nove das quinze amostras ensaiadas classificam-se como rochas de resistência moderada, enquanto seis se classificam como rochas de resistência elevada.

Quadro 5.7. Resultados dos ensaios de resistência e solidez das amostras dos piroclastos de Abakaliki

Designação da amostra	Parâmetro		
	Martelo Schmidt número de ressalto	UCS (MPa) (%)	Sulfato de sódio solidez (%)
A-PR1	33	48	6
A-PR2	36	50	8
A-PR3	34	51	3
A-PR4	34	46	7
A-PR5	33	52	4
A-PR6	38	46	5
A-PR7	45	44	5
A-PR8	48	52	6
A-PR9	47	109	4
A-PR10	32	122	9
A-PR11	39	101	15
A-PR12	36	40	17
A-PR13	48	96	12
A-PR14	34	68	9
A-PR15	33	115	10

Tabela 5.8a. Classificação da resistência das rochas de Waltham (1994) com base na resistência à compressão não confinada

Descrição	UCS (MPa)	Abakaliki Pyroclastics[a]	Observações
Muito fraco	< 1.25	-	Nenhuma amostra
Fraco	1.25 - 5.0	-	Nenhuma amostra
Moderadamente fraco	5.0 - 12.5	-	Nenhuma amostra
Moderadamente	12.50 - 50	A-PR01, A-PR02, A-PR04, A-	6 amostras

forte		PR06, A-PR07, A-PR12	
Forte	50 - 100	A-PR03, A-PR05, A-PR08, A-PR13, A-PR14	5 amostras
Muito forte	100 - 200	A-PR09, A-PR10, A-PR11, A-PR15	4 amostras
Extremamente forte	> 200	-	Nenhuma amostra

[a]O presente estudo

Tabela 5.8b. Classificação da resistência das rochas pelo ISRM (1981b) com base na resistência à compressão não confinada

Descrição	UCS[a] (MPa)	Abakaliki Pyroclastics[a]	Observações
Muito baixo	< 6	-	Nenhuma amostra
Baixa	6 - 20	-	Nenhuma amostra
Moderado	20 - 60	A-PR01, A-PR02, A-PR03, A-PR04, A-PR05, A-PR06, A-PR10, A-PR14, A-PR15	9 amostras
Elevado	60 - 200	A-PR07, A-PR08, A-PR09, A-PR11, A-PR12, A-PR13.	6 amostras
Muito elevado	> 200	-	Nenhuma amostra

[a]O presente estudo

Apesar desta classificação, os piroclastos de Abakaliki não se qualificariam como bons agregados de acordo com as observações de Neville (1973) e Eze (1997). A classificação de resistência dos piroclastos de Abakaliki, quando vista a partir da sua UCS, pode ter resultado da predominância de plagioclase e de fragmentos líticos apreciáveis (que são compostos predominantemente por xistos e lamas).

5.1.15 Sulfato de sódio Solidez

Os resultados dos testes de solidez do sulfato de sódio indicam que as amostras estudadas têm valores de solidez do sódio (SS) que variam entre 3 e 17%, com valor médio de 8%. Uma vez que a SS é uma medida da percentagem de constituintes não sãos de um agregado (ASTM C 88, 1990), pode servir como um meio rápido de identificar materiais de construção não duráveis.

Spry (1989) apresentou um esquema de classificação da durabilidade (Quadro 5.9) de alguns arenitos, da Austrália, utilizados como agregado de construção, com base nos seus valores de SS. Classificou os agregados com SS entre 0 e 1 % como mais duráveis (Classe A) e aqueles com SS entre 10 e 100 % como menos duráveis (Classe D). Com base na classificação de durabilidade de Spry (1989), os agregados piroclásticos de Abakaliki enquadram-se nas classes B, C e D, o que implica que três amostras são satisfatórias, oito são marginalmente satisfatórias e quatro são insatisfatórias. A mineralogia das amostras de agregados testadas pode ser responsável pelos valores de SS registados e pelas classificações de durabilidade subsequentes.

Tabela 5.9. Classificação da durabilidade dos agregados rochosos com base na solidez do sulfato de sódio

Material classe	Perda de massa (%)	Durabilidade classificação y	Piroclastos de Abakaliki	Observações
A	0 - 1	A maioria duradouro	-	Nenhuma amostra
B	1 - 5	-	A-PR03, A-PR05, A-PR09	3 amostras *Provavelmente satisfatório*
C	5 - 10	-	A-PR01, A-PR02, A-PR04, A-PR06, A-PR07, A-PR08, A-PR10, A-PR14	8 amostras *Razoavelmente a pouco satisfatório*
D	10 - 100	Menos duradouro	A-PR11, A-PR12, A-PR13, A-PR15	4 amostras *Não satisfatório*

(Adaptado de Spry, 1989)

5.2. Estatísticas

5.2.1 Análises de correlação e regressão

Os coeficientes de correlação determinados a partir da análise de correlação estão resumidos no Quadro 5.10. Como indicado nos gráficos cruzados de parâmetros (Figs. 5.6a a 5.6e), foram estabelecidas fortes relações positivas entre alguns conjuntos de parâmetros. Os seus graus de correlação, expressos em coeficiente de correlação (r^2), são apresentados por ordem decrescente do seguinte modo: soma dos óxidos totais de Fe e Mg versus SG, $r^2 = 0,999$ (Fig. 5.6a), **R** versus UCS, $r^2 = 0,952$ (Fig. 5.6b), UCS versus SG, $r^2 = 0,936$ (Fig. 5.6c), UCS versus TFV, $r^2 = 0,934$ (Fig. 5.6d), e TFV versus SG, $r^2 = 0,909$ (Fig. 5.6e). Esta tendência das relações pode sugerir que a presença de minerais pesados e de óxidos produziu densidades apreciáveis (ou gravidades específicas) que influenciaram diretamente as propriedades físicas dos piroclastos. É também certo, estatisticamente, que as propriedades físicas têm influência nas propriedades mecânicas e de resistência das amostras ensaiadas.

Foram encontradas fortes relações inversas (negativas) entre alguns conjuntos de parâmetros. Os graus de correlação expressos em coeficientes de correlação destes conjuntos de parâmetros, por ordem decrescente, são os seguintes: SG versus w_a, $r^2 = -0,942$ (Fig. 5.7a), UCS versus w_a, $r^2 = -0,899$ (Fig. 5.7b), TFV versus w_a, $r^2 = -0,8876$ (Fig. 5.7c) e $\boldsymbol{R}$ versus w_a, ($r^2 = -0,853$, Fig. 5.7d). Esta tendência, estatisticamente, identifica o aumento da água (ou humidade) como o principal fator que diminui as propriedades de resistência mecânica e das amostras testadas. Verificou-se que existe uma relação insignificante entre a UCS e o ACV para a relação linear ($r^2 = -0,034$, Fig. 5.7e) e também para a relação logarítmica ($r^2 = -0,037$, Fig. 5.7f), apesar do facto de a UCS e o ACV representarem factores de resistência. Irfan (1994) observou que os parâmetros dos agregados nem sempre estão relacionados estatisticamente. A razão para tal não relação pode incluir a natureza das amostras ensaiadas e a quantidade de dados traçados (Al-Harthi, 2001). Neste estudo, os ensaios UCS foram efectuados em amostras de rocha a granel, enquanto os ensaios ACV foram efectuados em amostras de agregados.

Tabela 5.10. Análise de correlação dos parâmetros testados

Parameter	W_a	W_n	SG	BD	RD	FI	ACV	LAAV	TFV	Schmidt Hammer	UCS	Na_2SO_4 soundness
W_a	1											
W_n	0.017	1										
SG	0.942	-0.188	1									
BD	0.282	0.531	0.196	1								
RD	0.395	0.129	-0.353	0.098	1							
FI	0.733	-0.306	-0.723	-0.239	0.428	1						
ACV	0.207	-0.413	-0.155	-0.367	-0.249	0.371	1					
LAAV	0.708	0.231	-0.688	-0.122	0.079	0.475	0.223	1				
TFV	0.888	-0.059	0.909	0.176	-0.588	-0.776	-0.019	-0.550	1			
Schmidt Hammer	0.853	-0.246	0.906	0.089	-0.321	-0.515	-0.014	-0.533	0.833	1		
UCS	0.900	-0.234	0.936	0.053	-0.464	-0.638	-0.034	-0.647	0.934	0.952	1	
Na_2SO_4 soundness	0.204	0.138	0.152	0.452	-0.233	-0.199	0.119	-0.211	0.337	-0.041	0.126	1

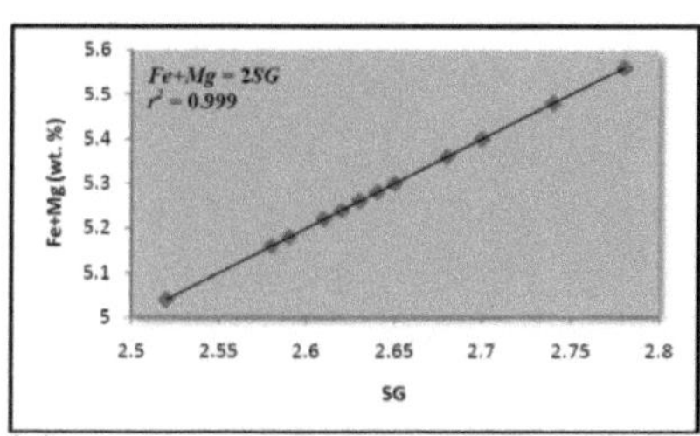

(a)

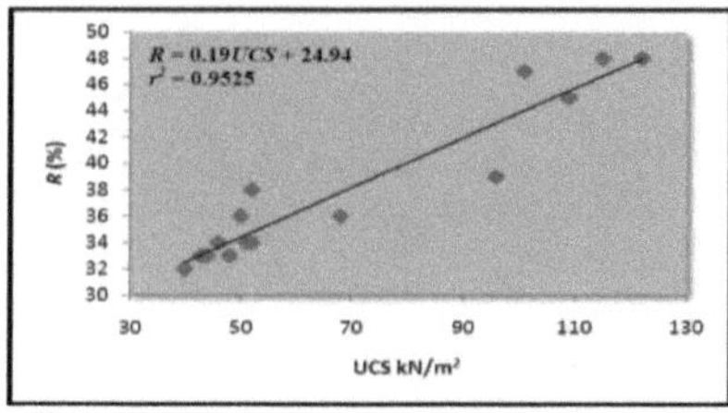

(b)

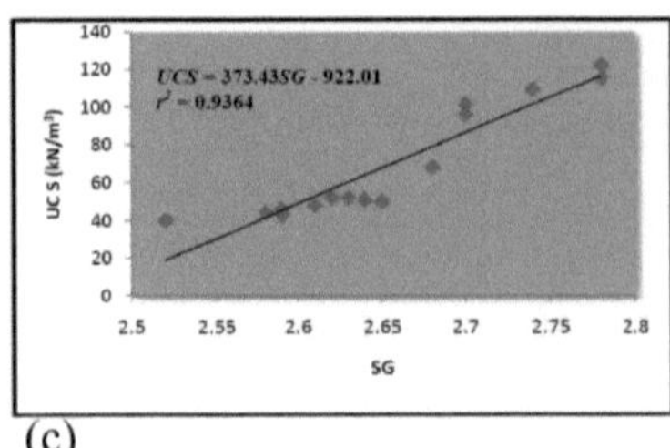

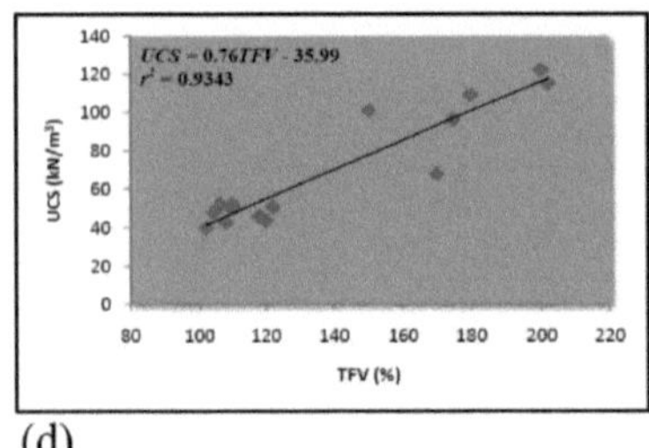

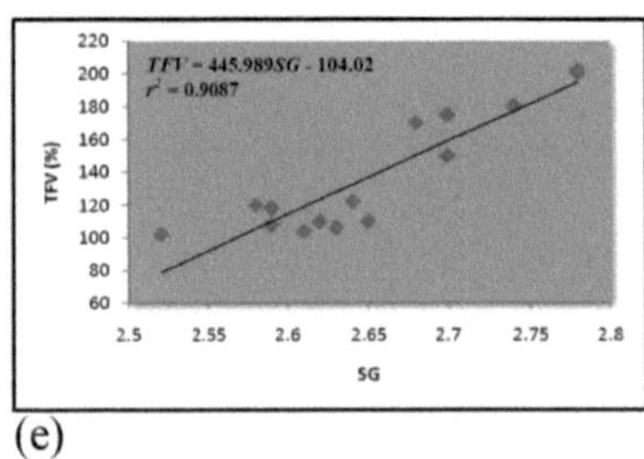

Fig. 5.6. Gráficos cruzados de parâmetros, (a. soma de Fe e Mg totais versus SG, b. R versus UCS, c. UCS versus SG, d. UCS versus TFV, e e. TFV versus SG)

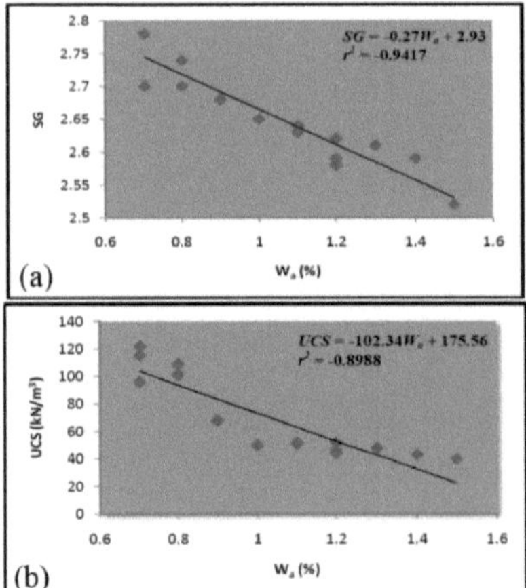

62

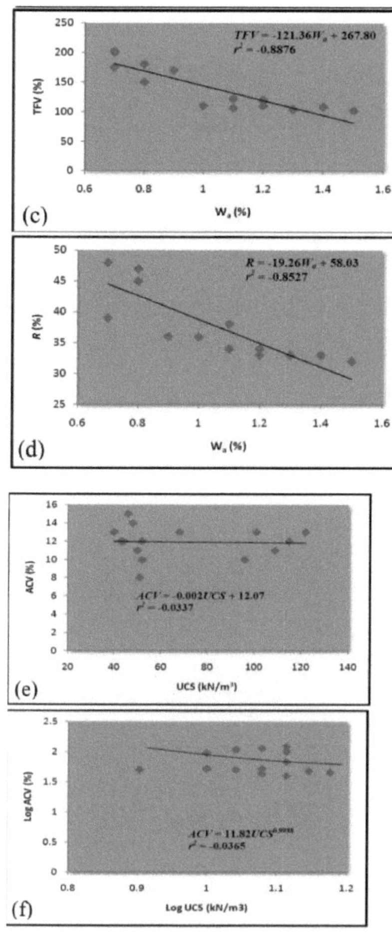

Fig. 5.7. Gráficos cruzados de parâmetros, (a. SG versus wₐ, b. UCS versus wₐ, c. TFV versus wₐ, d. *R* versus wₐ, e. ACV versus UCS e f. log ACV versus log UCS)

5.3. Adequação dos piroclastos de Abakaliki como materiais de construção

5.3.1 Os piroclastos de Abakaliki como pedras de construção

Uma pedra de construção ideal, de acordo com Waltham (1994), deve ser sólida (ou seja, sem defeitos), durável e deve possuir resistência suficiente para suportar o esforço de carga. A sua utilização também não deve constituir qualquer risco para a saúde, especialmente em casas de habitação (USCEAR, 1982). Os resultados das análises laboratoriais sugerem que os piroclastos de Abakaliki podem servir marginalmente como pedra de construção. As amostras de rocha registaram uma estabilidade razoável no que diz respeito a parâmetros que significam boas propriedades mecânicas e de resistência. A Tabela 5.11 indica que, com base nos valores UCS, os piroclastos de Abakaliki teriam um desempenho bastante bom como pedra de construção e também bastante bom como pedra de revestimento, mas seriam muito provavelmente inadequados como pedra de amour. No entanto, a observação no terreno mostra que é razoavelmente mais estável do que um xisto endurecido, quando ambos são expostos às mesmas condições de engenharia e climáticas (placa 5.6.1). Os xistos são predominantemente compostos por minerais de argila quando comparados com os das rochas piroclásticas. O xisto endurecido é um substituto típico dos piroclastos para fins de construção na zona de Abakaliki.

Quadro 5.11. Avaliação da adequação dos agregados com base nos valores UCS

Material	Especificação (MPa) (Waltham, 1994)	Abakaliki Pyroclastics[a]	*Observações*
Pedra de construção	> 50	A-PR02, A-PR03, A-PR05, A-PR08, A-PR09, A-PR10, A-PR11, A-PR13, A-PR14 A-PR15	*10 amostras são adequadas*
Pedra de revestimento	> 100	A-PR09, A-PR10, A-PR11, A-PR15	*4 amostras são adequadas*
Pedra do amor	> 150	Nulo	*Nenhuma amostra é adequada*

[a]Resultado do estudo

Placa 5.6.1. Amostras dos piroclastos de Abakaliki (A-PR) e do xisto indurado (A-Sh) da zona de Abakaliki que mostram diferentes taxas de deterioração quando ambos são utilizados como rip rap

5.3.2 Abakaliki Pyroclastics as Concrete Aggregates

Os dois principais componentes do betão são a pasta de cimento e os materiais inertes, principalmente os agregados. O fabrico de betão consome a maior quantidade de agregados em projectos de construção (Okeke, 1991). No entanto, todos os agregados de betão devem ser limpos, duros, duráveis (Lee e Kennedy, 1975) e isentos de materiais deletérios (Krynine e Judd, 1957), seja para o fabrico de betão pronto ou de produtos de betão pré-fabricados (como lajes, blocos de pavimentação e blocos de construção).

Waltham (1994) avaliou a adequação dos agregados para utilização no betão com base no seu valor de impacto agregado (AIV), LAAV, ACV, FI e W_a. Uma especificação geral para agregados de betão e construção recomendada por Waltham (1994) é apresentada no Quadro 5.12. Como mostra a tabela, os piroclastos de Abakaliki teriam provavelmente um desempenho marginal como agregado para betão, uma vez que quase todas as amostras testadas têm valores dos seus parâmetros geotécnicos fora dos limites recomendados. A probabilidade de os piroclastos terem um desempenho marginal como agregados de betão, especialmente em betão de cimento Portland e betuminoso, é ainda sugerida pela sua densidade relativa (DR) consideravelmente baixa (valor médio de 2,35 mg/m³). Krynine e Judd (1957) e Paige-Green (2007) salientaram que a baixa densidade relativa pode traduzir-se em vazios elevados e menor absorção de agregados nas misturas. Este pode ser o problema de alguns dos casos relatados de edifícios desmoronados na área de Abakaliki.

Tabela 5.12. Comparação dos piroclastos de Abakaliki com a especificação para agregados de betão e construção

Propriedade agregada	Norma geral		Abakaliki	*Observações*
	Bom	*Pobres*	Piroclásticos[a]	
AIV (%)	5	35	15 - 29[b]	*Provavelmente marginalmente satisfatório em geral como agregado para betão*
LAAV (%)	10	25	11 - 25	
ACV (%)	5	35	8 - 15	
TFV (kN)	400	20	102 - 202	
FI (%)	20	70	18 - 32	
Absorção de água (%)	0.2	10	0.7 - 1.5	

[a]dados do presente estudo, os restantes de Waltham (1994) [b]calculados a partir da equação (10), tendo K sido

considerado como 3000

5.3.3 Piroclastos de Abakaliki como agregados para estradas

As rochas e os agregados utilizados em pavimentos rodoviários, especialmente na camada de desgaste (Fig. 5.8), estão sujeitos à abrasão provocada pelas forças horizontais das rodas dos automóveis. A resistência das rochas e agregados utilizados como agregados rodoviários a este impacto dos automóveis é medida em laboratório através dos ensaios AIV, LAAV, TFV, FI e Wa (Waltham, 1994). A avaliação indica que os piroclastos de Abakaliki, como fonte de agregado rodoviário, produziriam agregados que são marginalmente satisfatórios para utilização como agregados rodoviários. Isto deve-se ao facto de as amostras testadas não cumprirem uma série de requisitos como agregado rodoviário. Por exemplo, os seus valores de AIV, LAAV e FI estão bastante acima dos limites recomendados (Tabela 5.13a); o seu TFV e Wa, no entanto, cumprem as especificações.

O facto de os agregados não cumprirem todos os requisitos para serem utilizados como pedra de estrada pode ser uma explicação para o seu fraco desempenho no terreno. Aghamelu e Okogbue (2011) e Aghamelu *et al.* (2011) registaram falhas incessantes em estradas na metrópole de Abakaliki, falhas essas que podem não ser inteiramente devidas a problemas de sub-base, mas que podem estar parcialmente associadas à utilização de piroclastos como agregado para a construção de estradas na área. Raramente se observou desplacamento, provavelmente devido ao baixo teor de quartzo (< 4 %) nos piroclastos. Uma quantidade elevada de quartzo, tal como no granito, provoca condições hidrofílicas e descolamento na mistura de agregados betuminosos (Krynine e Judd, 1957).

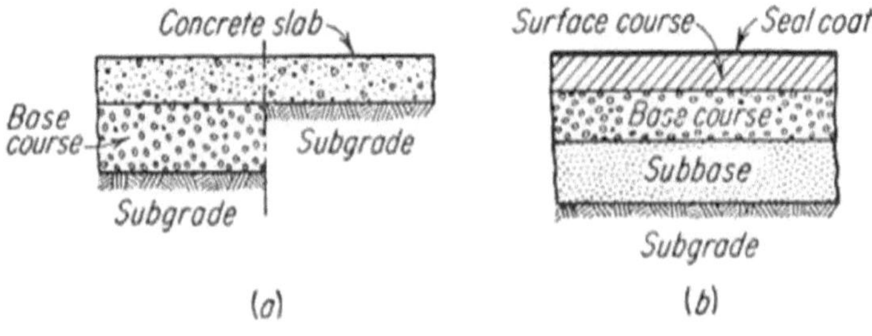

Fig. 5.8. Tipos básicos e componentes dos pavimentos (a. Pavimento rígido e b. Pavimento flexível)

(Adaptado de Krynine e Judd, 1957)

[Krynine e Judd (1957) referem que a camada de superfície de um pavimento flexível pode ser uma camada de betão betuminoso de 2 a 6 polegadas de espessura, ou pode ser um paliativo de pó betuminoso bastante fino. A camada de base pode ser constituída por pedra britada, cascalho ou solo misturado com ligantes como asfalto ou solo estabilizado com cimento Portland. A sub-base é normalmente composta por material de escavação ou por solo "selecionado" de uma escavação rodoviária adjacente ou de uma fossa de empréstimo].

A Tabela 5.13b apresenta uma comparação das propriedades dos agregados rodoviários dos piroclásticos de Abakaliki com alguns tipos de rocha normalmente utilizados como agregados rodoviários. Conforme revelado na tabela, a SG dos piroclásticos de Abakaliki é significativamente inferior à do basalto, dolerite e hornfels, enquanto o seu AIV é consideravelmente superior ao do dolerite. Além disso, o seu ACV é geralmente inferior ao do granito e do quartzito, e o seu LAAV é geralmente superior ao do dolerito, hornfels e greywacke. O TFV dos piroclastos é significativamente inferior ao do dolerito.

Tabela 5.13a. Comparação dos piroclastos de Abakaliki com a especificação geral para agregados rodoviários

Propriedade agregada	Padrão de pedra de estrada	Abakaliki Pyroclastics[a]	Observações
AIV (%)	< 10	15 - 29[b]	
LAAV (%)	< 10	11 - 25	*Em geral, é suscetível de ser marginalmente satisfatório como agregado rodoviário.*
TFV (kN)	> 100	102 - 202	
FI (%)	< 3	18 - 32	
w_a (%)	< 2	0.7 - 1.5	

[a]dados do presente estudo, os restantes de Waltham (1994) [b]calculados a partir da equação (10), em que K foi considerado como sendo 3000

Curiosamente, os piroclastos classificam-se, geologicamente, como rochas ígneas básicas de grão fino a médio, juntamente com o basalto e o dolerito (que representam as "rochas armadilha", notavelmente conhecidas como rochas que produzem bons agregados rodoviários). O facto de não apresentarem propriedades geotécnicas semelhantes sugere que o modo de formação pode, para além da mineralogia e da textura, ser um fator a ter em conta na previsão de tipos de rochas que produziriam um comportamento geotécnico semelhante, bem como aqueles que produziriam bons agregados rodoviários.

Tabela 5.13b Comparação das propriedades dos agregados rodoviários dos piroclásticos de Abakaliki com alguns tipos de rochas comuns

Tipo de rocha	Propriedade agregada[a,b]						
	Textura	W,(%)	SG	AIV (%)	ACV (%)	LAAV (%)	TFV (kN)
Abakaliki Piroclásticos*	Ótimo	0.7-1.5	2.52-2.78	15-29+	8-15	11-25	102 202
Basalto	Ótimo	0.9	2.91	-	14	14	-
Dolerite	Fino médio	0.4	2.95	10	10	4 - 6	360
Granito	Grosso	0.8	2.64	16	17	5 - 15	280
Microgranito	-	0.5	2.65	-	12	5 - 13	-
Hornfels	Ótimo	0.5	2.81	-	13	4	-
Quartzito	-	1.8	2.63	-	20	15	-
Calcário	-	0.5	2.69	20	14	12 - 16	120
Cracke cinzento	-	0.5	2.72	14	10	7	220

[a]Dados de Krynine e Judd (1957), Goswami (1984), Bell (1993) e Goswami (1984).

[b]Os valores simples são médias, enquanto os valores duplos são intervalos.

*este estudo

** calculada a partir da equação (10), em que K foi considerado 3000.

- não disponível

5.3.4 Piroclastos de Abakaliki como modificador do solo

A poeira dos piroclastos de Abakaliki foi referida (Ene e Okagbue, 2009) como tendo um bom potencial para servir de modificador do solo na construção de estradas. Esse potencial foi atribuído ao elevado teor de CaO do pó de rocha. De acordo com Krynine e Judd (1957), uma poeira de rocha que serve bem como modificador de solo é provável que também sirva bem como preenchimento de vazios e aglutinante na camada de base e sub-base em projectos de pavimentação de estradas.

CAPÍTULO 6 RESUMO, CONCLUSÕES E RECOMENDAÇÕES

6.1. Resumo

1. Foram efectuados vários testes físicos, mecânicos e geoquímicos em quinze amostras representativas de diferentes corpos de rocha piroclástica (na metrópole de Abakaliki, sudeste da Nigéria) com o objetivo de determinar a adequação do tipo de rocha para vários fins de construção. Os ensaios físicos incluíram a análise petrográfica modal, a absorção de água (w_a), o teor de humidade natural (w_n), a gravidade específica (SG), a densidade aparente (BD), a densidade relativa (RD) e o índice de escamação (FI), enquanto os ensaios mecânicos incluíram a abrasão de Los Angeles (LAAV), a trituração de agregados (ACV), o valor de dez por cento de finos (TFV), o número de ressalto do martelo Schmidt (***R***) e a resistência à compressão não confinada (UCS). Os ensaios geoquímicos consistiram na análise da solidez do sulfato de sódio (SS) e dos óxidos maiores.

2. A análise modal mostra que os piroclastos de Abakaliki contêm 21-60 % de plagioclase, 6-12 % de piroxénio, 0-10 % de calcite, 0-4 % de quartzo, 11-36 % de massa moída, 11-32 % de fragmentos líticos e 3-8 % de minerais opacos. A calcite e o quartzo ocorrem principalmente como amidalóides. O fragmento lítico é geralmente xisto e lama, enquanto que a massa moída é constituída por plagioclase, clorite, carbonato secundário (?calcite) e material vítreo. O óxido de ferro é muito provavelmente o mineral opaco predominante presente. Os corpos piroclásticos estudados classificam-se geralmente como tufos vulcânicos de grão fino. A elevada quantidade de plagioclase e a presença de clorite são preocupantes, uma vez que ambos os minerais representam materiais fracos e deletérios nas rochas.

3. A análise geoquímica mostra a ocorrência de alguns óxidos principais, como segue: SiO_2 (42,05-46,40 %), Al_2O_3 (12,01-16,42 %), óxido de Fe total (4,03-10,82 %), CaO (5.62-17,22 %), Na_2O (2,30-4,94 %), MgO (1,10-5,90 %), TiO (1,20-3,61 %), LOI (1,84-9,47 %), MnO (0,35-3,96 %), P_2O_5 (0,52-4,54 %) e K_2O (0,36-1,97 %). A composição de óxidos dos piroclastos ajudou a classificar a rocha como alcalina e basáltica, e também deu uma indicação de alta gravidade específica da rocha. A quantidade de CaO é também significativa no que respeita à capacidade do pó de rocha para modificar solos expansivos.

4. Os resultados dos testes físicos mostram que Wn dos piroclastos testados varia entre 0,1 e 0,3 %, $_{Wa}$ 0,7 e 1,5 %, e SG 2,52 e 2,75. BD e RD variam entre 1,46 e 2,1 kN/m^3, e 2,3 e 2,39 kN/m^3, respetivamente, enquanto FI varia entre 18 e 32 %. A análise mecânica revela que o LAAV médio é de 19 %, o ACV de 12 %, o TFV de 138 kN, o **R** de 38 % e o UCS de 69 kN/m^2. O estudo sugere que a mineralogia e a textura são os principais factores que controlam os valores destes parâmetros físicos e mecânicos testados nos agregados piroclásticos.

5. As análises estatísticas dos valores dos parâmetros testados indicam um forte grau de relações positivas, expressas em termos de coeficiente de correlação (r^2): entre a soma dos óxidos de Fe e Mg versus a GE, r^2 = 1; UCS versus GE, r^2 = 0,9364; UCS versus TFV, r^2 = 0,9343; TFV versus GE, r^2 = 0,9087; e **R** versus GE, r^2 = 0,9056. A tendência sugere que a presença de minerais pesados e óxidos produziu gravidades específicas apreciáveis que têm influência direta nas propriedades físicas e mecânicas das amostras. Verificou-se que existe um forte grau de relações negativas, em termos de r^2, entre SG versus $_{Wa}$, $_{r2}$ = -0,09417; UCS versus $_{Wa}$, $_{r2}$ = -0,8988; TFV versus $_{Wa}$, $_{r2}$ = -0,8876; e **R** versus $_{Wa}$, $_{r2}$ = -0,8527. A tendência, estatisticamente, identifica o aumento da humidade como prejudicial para as propriedades físicas e mecânicas das amostras testadas. Verificou-se a existência de uma relação insignificante quando a UCS foi traçada contra a ACV para as relações lineares ($r2$ = -0,0337) e logarítmicas ($r2$ = -0,0365), apesar do facto de a UCS e a ACV representarem o fator de resistência do material. Esta anomalia é atribuível à natureza das amostras e à quantidade de dados representados.

6.2. Conclusões

1. A comparação com as normas estabelecidas e publicadas indica que o

Os piroclastos de Abakaliki terão um desempenho marginal a razoavelmente bom como pedra de construção, razoável a marginal como pedra de revestimento, mas seriam muito provavelmente inadequados como pedra de amour ou rip-rap. Isto deve-se principalmente aos valores UCS que não cumprem completamente os limites para utilização em tais projectos. No entanto, a observação de campo mostra que os piroclastos são razoavelmente mais estáveis do que o xisto endurecido (um agregado de construção alternativo na área) quando ambos são expostos às mesmas condições de engenharia e climáticas.

2. É provável que os piroclastos de Abakaliki tenham um desempenho marginal como agregado de betão, uma vez que quase todas as amostras testadas têm valores dos seus parâmetros geotécnicos fora dos limites recomendados. A probabilidade de os piroclastos terem um desempenho marginalmente bom como agregados de betão, especialmente em betão de cimento Portland e betuminoso, é ainda sugerida pelo seu RD consideravelmente baixo (valor médio de 2,35 mg/m3). O baixo RD registado pode traduzir-se em vazios elevados e menor absorção de agregados nas misturas. Este pode ser o problema dos casos registados de edifícios desmoronados na zona de Abakaliki. No entanto, é provável que a rocha não constitua qualquer risco para a saúde quando utilizada como material para a construção de habitações, uma vez que a sua dose de radionuclídeos, expressa em atividade equivalente de rádio, é bastante inferior ao limite máximo admissível recomendado.

3. Os piroclastos de Abakaliki também produziriam agregados que são marginalmente adequados para utilização como agregados rodoviários, uma vez que as amostras testadas não cumprem uma série de requisitos como agregado rodoviário; os seus valores LAAV e FI estão bastante acima dos limites recomendados. O facto de os agregados não cumprirem todos os requisitos para serem utilizados como pedra de estrada pode ser uma boa explicação para o seu fraco desempenho no terreno. As falhas incessantes nas estradas da metrópole de Abakaliki podem, então, não ser exclusivamente um problema do subleito, mas podem estar, em certa medida, associadas ao agregado piroclástico utilizado nessas estradas. É, no entanto, improvável que ocorra decapagem na mistura de asfalto, uma vez que as amostras piroclásticas registaram um teor de quartzo significativamente baixo ($\leq$ 4 %). Sabe-se que uma quantidade elevada de quartzo produz uma condição hidrofílica e descolamento na mistura de agregados betuminosos.

4. O desempenho fraco a marginal do agregado piroclástico, tanto em laboratório como no terreno, pode ser explicado pela predominância de minerais fracos e deletérios (especialmente plagioclase e clorite). A plagioclase é considerada um mineral fraco e a sua presença indica a deterioração do material, como sugerem os resultados dos ensaios de SS, ao longo do tempo de engenharia, especialmente quando exposto a factores climáticos adversos (elevado volume de precipitação e temperatura elevada com flutuações), como é o caso nos trópicos.

5. A abundância e disponibilidade barata, bem como a escassez de alternativas de substituição como fonte de agregados, continuarão a ser factores proeminentes que determinam a utilização dos piroclastos como agregados de construção, especialmente na área de Abakaliki.

6.3. Recomendações

Com base nas conclusões do presente estudo, recomenda-se o seguinte

1. Os engenheiros civis e os construtores que utilizam estes materiais devem assegurar-se de que é feita uma conceção de engenharia adequada antes da sua utilização em qualquer projeto de construção, uma vez que o estudo demonstrou que estes materiais são apenas marginalmente satisfatórios na maioria dos projectos.

2. Com base neste trabalho, devem ser elaboradas especificações quanto ao tipo ou peso dos automóveis que devem utilizar as estradas construídas com estes materiais. O objetivo é garantir a durabilidade e a eficácia da estrada.

3. Esta investigação mostrou que a humidade é um fator importante que causaria a deterioração do material ao longo do tempo, pelo que deve ser prevista uma boa rede de drenagem para garantir que os projectos construídos com piroclastos não sejam inundados.

REFERÊNCIAS

ACI (American Concrete Institution). 1979. ACI Manual of concrete practice. Parte 1, Relatório do Comité 304, 304-1 a 304-53, ACI, Michigan

Aghamelu, O.P. e Okogbue, C.O. 2011. Avaliação geotécnica de falhas de estradas na área de Abakaliki, sudeste da Nigéria. Jornal Internacional de Engenharia Civil e Ambiental, Vol. 11, No. 2, pp. 12-24.

Aghamelu, O.P., Nnabo, P.N. e Ezeh, H.N. 2010. Problemas geotécnicos e ambientais relacionados com os xistos na zona de Abakaliki, sudeste da Nigéria. Jornal Africano de Ciência e Tecnologia Ambiental. Vol. 4, No. 12, pp. 80-88.

Al-Harthi, A.A. 2001. Um índice de campo para determinar as caraterísticas de resistência do agregado britado. Boletim de Geologia de Engenharia e Ambiente. Vol. 60, pp. 193-200.

Anukam, L.C. 1997. Estudo de Caso IV - Nigéria. *In*: Helmer, R e Hespanhol, I (Eds). Water Pollution Control - A Guide to the Use of Water Quality Management Principles (Controlo da Poluição da Água - Um Guia para a Utilização dos Princípios de Gestão da Qualidade da Água). O Programa das Nações Unidas para o Ambiente, o Water Supply & Sanitation Collaborative Council, a Organização Mundial de Saúde e E. & F. Spon.

ASTM (Sociedade Americana de Ensaios e Materiais). 1987: Teste de reatividade potencial do agregado (método químico). Designação ASTM C 289, American Society for Testing and Materials, Filadélfia.

ASTM (Sociedade Americana de Ensaios e Materiais). 1988. Ensaio de resistência à abrasão de agregado grosso de grandes dimensões através da utilização da máquina de Los Angeles. Designação ASTM C 535, American Society for Testing and Materials, Filadélfia.

ASTM (Sociedade Americana de Ensaios e Materiais). 1990. Método de Teste para Densidade a Granel (Peso Unitário) e Vazios em Agregados.

Designação ASTM C29/C29M, American Society for Testing and Materials,

Filadélfia.

ASTM (Sociedade Americana de Ensaios e Materiais). 1990. Teste de solidez do agregado através da utilização de sulfato de sódio ou de magnésio. Designação ASTM C-88, American Society for Testing and Materials, Filadélfia.

ASTM (Sociedade Americana de Ensaios e Materiais). 1990. Ensaio de gravidade específica e absorção de agregado grosso. Designação ASTM C-127, American Society for Testing and Materials, Filadélfia.

ASTM (Sociedade Americana de Ensaios e Materiais). 1990. Ensaio de gravidade específica e absorção de agregado fino. Designação ASTM C-128, American Society for Testing and Materials, Filadélfia.

Bangar, K.M. 2005. Principles of engineering geology. Standard Publishers, Delhi. 451pp.

Ballivy, G. e Dayre, M. 1984. O comportamento mecânico dos agregados relacionado com as propriedades físico-mecânicas das rochas. Boletim da Associação Internacional de Geologia de Engenharia. Vol. 29, pp. 339-342.

Bell, F.G. 1993. Engineering geology. Blackwell Science, Oxford, 352 pp.

Bell, F.G. 1994. Um estudo das propriedades de engenharia de alguma anidrite e gesso do norte e das terras médias de Inglaterra. Geologia de Engenharia. Vol. 38, pp. 1-23.

Benkhelil, J. 1982. A origem e a evolução do vale do Benue no Cretácico (Nigéria). Jornal de Ciências da Terra de África. Vol. 8, 251-282.

Benkhelil, J. 1986. Structure and geodynamic evolution of the intracontinental Benue Trough Tese, Universidade de Nice, 236 pp.

Benkhelil, J. 1989. A origem e evolução da calha de Benue no Cretácico, Nigéria. Jornal de Ciências da Terra de África. Vol. 8, 251-282.

Bimel, C. 1988. Agregado de rocha armadilha para a construção de pavimentos. Publicação n.º C88946, The Aberdeen Group, Missouri. 2 pp.

Blyth, F.G.H. e de Freitas, M.H. 1984. A geology for engineers. Sétima edição. Arnold,

Londres. 325 pp.

Brattli, B. 1992. A influência de factores geológicos nas propriedades mecânicas de rochas ígneas básicas utilizadas como agregados para pavimentos rodoviários. Geologia de Engenharia. Vol. 33, No. 1, pp. 31-44.

BS (British Standard Institution) 812. 1975. Métodos de amostragem e ensaio de agregados minerais, areias e material de enchimento. Parte 1. British Standard Institution, Londres. 22 pp.

BS (British Standard Institution) 812. 1975. Métodos de amostragem e ensaio de agregados minerais, areias e material de enchimento. Parte 2. British Standard Institution, Londres. 19 pp.

BS (British Standard Institution) 812. 1990. Testing Aggregates, Part 100 - methods for determination of ten percent fines value (TFV). British Standard Institution, Londres.

BS (British Standard Institution) 812. 1990. Testing Aggregates, Part 101 - guide to sampling and testing aggregates. British Standard Institution, Londres.

BS (British Standard Institution) 812. 1990. Ensaio de Agregados, Parte 105.1 - Índice de floculação. British Standard Institution, Londres.

BS (British Standard Institution) 812. 1990. Testing Aggregates, Part 110 - methods for determination of aggregate crushing value (ACV). British Standard Institution, Londres.

BS (British Standard Institution) 812. 1990. Testing Aggregates, Part 111 - methods for determination of ten percent fines value. British Standard Institution, Londres.

BS (British Standard Institution) 812. 1990. Ensaio de Agregados, Parte 121 - método de

determinação da solidez do agregado. British Standard Institution, Londres.

Burke, K., Dessauvagie, T.F.J. e Whiteman, A.J. 1971. Abertura do Golfo da Guiné e história geológica da Depressão de Benue e do Delta do Níger. Nature (Physical

Science). Vol. 233, No. 38, pp. 51-55.

Sociedade Geotécnica Canadiana. 1985. Manual canadiano de engenharia de fundações. Segunda edição. Bi-Tech, Vancouver, British Columbia.

Carmichael, R.S. 1984. Handbook of physical properties of rocks. Vol. 3, CRC Press, Inc., Boca Raton, Florida.

Chayes, F. 1956. Petrographic modal analysis: an elementary statistical appraisal. Wiley, Nova Iorque. 113 pp.

Cokea, E. 1999. Efeito da cinza volante na pressão de inchamento do solo expansivo. Revista Eletrónica de Engenharia Geotécnica. Paper No. 9904. www.ejge.com.

Davies, J.C. 1986. Estatística e análise de dados em geologia. Segunda edição. Wiley, Nova Iorque, 646 pp.

DoT (Ministério dos Transportes do Reino Unido). 1993. Design manual for roadsand bridges, Part 1 - HD 36/99 - surface materials for new and maintenance construction. Highway Link Design, Inglaterra.

Durotoye, B. 2003. Sourcing of raw materials for the building and construction industries in Nigeria (Fornecimento de matérias-primas para as indústrias de construção na Nigéria). *In*: Elueze A.A. (Ed.), Contributions of Geosciences and Mining to National Development. Publicação da Sociedade Nigeriana de Minas e Geociências. pp. 83-88

Ehinola, O.A. 2010. Biostratigrafia e ambiente de deposição do depósito de xisto betuminoso na cintura de dobras de Abakaliki, sudeste da Nigéria. Xisto betuminoso. Vol. 27, No. 2, pp. 99-125.

Ekpoboredefe, A. e Egesi, N. 2009. Avaliação geológica de engenharia de biotite-granito, granito-gneisse e pedra verde de partes de Boki, o sopé do planalto de Obudu, sudeste da Nigéria, como agregado de aparas para pavimento. Resumo da [45ª] Sociedade Nigeriana de Minas e Geociências, Conferência Internacional Anual, Owerri, março de 2009.

Elueze, A.A. 2009. Avaliação da influência das rochas basais pré-cambrianas na natureza dos geomateriais na região marítima da Nigéria. Abstract Vol. da 45th NMGS Int. Conf, Owerri, março, 2009.

Ene, E. e Okagbue, C. 2009. Algumas propriedades geotécnicas básicas do solo expansivo modificado com poeira piroclástica. Geologia de Engenharia. Vol. 107, Nos. 1&2, pp. 61-65.

Eze, E.O. 1997. Avaliação geotécnica de alguns charnockites da Nigéria como materiais de construção. Jornal Trimestral de Geologia de Engenharia, Vol. 30, pp. 231-236

Ezeh H.N. e Anike O.L. 2009. Avaliação preliminar do estado de poluição dos cursos de água e lagos artificiais criados pela exploração mineira no distrito mineiro de Enyigba, sudeste da Nigéria, e suas consequências. Jornal Global de Ciências Ambientais. Vol. 8, No. 1, pp. 41-48

Farrington, J.L. 1952. A preliminary description of the Nigerian lead-zinc field. Geologia Económica, Vol. 47, pp. 583-608.

Franklin, J.A. e Dusseault, M.B. 1989. Rock engineering. McGraw-Hill, Nova Iorque. 600 pp

Freedonia, 2009. Agregados para a construção a nível mundial: Estudo do sector com previsões para 2013   & 2018. The Freedonia Group Inc,

Cleveland. Estudo n.º 2564, 322 pp.

Goodman, R.E. 1993. Engineering geology: rock in engineering construction. John Wiley, Nova Iorque/Canadá. 412 pp.

Goswami, S.C. 1984. Influência de factores geológicos na solidez e resistência à abrasão de agregados para pavimentos rodoviários: um estudo de caso. Boletim da Associação Internacional de Geologia de Engenharia. No. 30. pp. 59-61.

Grant, N.K. 1971. Atlântico Sul, Calha de Benue e junção tripla do Cretáceo do Golfo da Guiné. Boletim da Sociedade Geológica da América. Vol. 82, pp. 2299-2302.

Hamilton, E.I. 1971. A radioatividade relativa dos materiais de construção. Jornal da Associação Americana de Higiene Industrial. Vol. 32, 398 pp.

Haramy, K.Y. e de Marco, M.J. 1985. Utilização do martelo Schmidt para ensaios de rocha e carvão. In: 26th US Symposium on Rock Mechanics (USRMS), Rapid City, A. A. Balkema, Roterdão. pp. 549-555

Hartley, A. 1974. A review of the geological factors influencing the mechanical properties of road surface aggregates. Quarterly Journal of Engineering Geology. Vol. 7, pp. 69-100.

Hitchen, C.S. 1968. Estudo de materiais para o projeto da barragem de Kaiji, norte da Nigéria. Jornal Trimestral de Geologia de Engenharia. Vol. 1, 75-85.

Hoque, M. 1981. Pyroclastics, volcanism and tectonics of southern Benue Trough, Nigeria. IAVCE Arc-Volcanism Symposium, Tóquio, Abstract Vol. pp. 134-136.

Hoque, M. 1984. Piroclastos do vale inferior de Benue na Nigéria e suas implicações tectónicas. Jornal de Ciências da Terra de África. Vol. 2. No. 4, pp. 351-358.

Igbozuruike, M.U. 1975. Tipos de vegetação. *In*: Ofomata, G.E.K (ed.), Nigeria in maps: Eastern states. Ethiope Publishing House, Benin City.

Inyang, P.E.B. 1976. Clima de Nsukka e arredores. *In*: Ofomata, G.E.K (ed.), The Nsukka Environment. Fourth Dimension Publishers, Lagos. pp. 86-97.

Irfan, T.Y. 1994. Propriedades dos agregados e recursos de rochas graníticas para utilização em betão em Hong Kong. Jornal Trimestral de Geologia de Engenharia. Vol. 27, 25-28.

ISRM (Sociedade Internacional de Mecânica das Rochas). 1978. Métodos sugeridos para a determinação da dureza e abrasividade

de rochas. Comissão para a Normalização de Ensaios Laboratoriais e de Campo, International Journal of Rock Mechanics, Mining Science and Geomechanics Abstracts. Vol. 15 (3), pp. 89-97.

ISRM (Sociedade Internacional de Mecânica das Rochas). 1979. Métodos sugeridos para a determinação da resistência à compressão e da compressibilidade das rochas. Comissão para a Normalização de Ensaios Laboratoriais e de Campo. International Journal of Rock Mechanics, Mining Science and Geomechanics Abstracts. Vol. 16, No. 2, pp.135-140.

ISRM (Sociedade Internacional de Mecânica das Rochas). 1981a. Sugestão de métodos para a caraterização, ensaio e monitorização de rochas. In, Brown, E.T. (ed.), Rock Characterisation, Testing and Monitoring. Pergamon Press, Oxford. 211 pp.

ISRM (Sociedade Internacional de Mecânica das Rochas). 1981b. Geotecnia básica descrição de maciços rochosos. Comissão para a Normalização de Ensaios de Laboratório e de Campo. International Journal of Rock Mechanics, Mining Science and Geomechanics Abstracts. Vol. 22, No. 2, pp. 51-60.

Jaeger, J.C. e Cook, N.G.W. 1969. Fundamentals of rock mechanics. Science Paper Back edition, Chapman and Hall, Londres, 515 pp.

Janach, W. e Merminod, A. 1982. Ensaios de abrasividade de rocha com um martelo Schmidt modificado. International Journal of Rock Mechanics, Mining Science and Geomechanics Abstracts. Vol. 19, pp. 43-45.

Johansson, E., Miskovsky, K. e Loorents, K. 2009. Estimativa da qualidade dos agregados de rocha utilizando análises de aparas de perfuração. Jornal de Engenharia de Materiais e Desempenho. Vol. 18, pp. 299-304.

John-Onwualu, J.N. e Ukaegbu, V.U. 2009. Implicações petrogenéticas e geotectónicas dos piroclásticos de Lokpa-Ukwu no sul da calha de Benue, Nigéria. The Pacific Journal of Science and Technology, Vol. 10 No.1, 487-500.

Kahraman, S. 2001. Avaliação de métodos simples para avaliar a resistência à compressão uniaxial de rochas. International Journal of Rock Mechanics and Mining Science. Vol. 38, pp. 981-994

Kahraman, S. e Gunaydin, O. 2007. Métodos empíricos para prever a resistência à abrasão de agregados rochosos. Boletim de Geologia de Engenharia e Ambiente. Vol. 66, pp. 449-455.

Kearey, P. 2001. The new penguin dictionary of geology. Segunda edição. Penguin Group. London. 327 pp.

Knofel, D.K., Hoffmann, D. e Snethlage, R. 1987. Reacções de intemperismo físico-químico como um formulário para testes de envelhecimento com intervalo de tempo. Materials and Structures. Vol. 20, No. 116, pp. 127145.

Krynine, D.P. e Judd, W.R. 1957. Principles of engineering geology and geotechnics. McGraw-Hill, Nova Iorque, 699 pp.

Lambe, T.W. e Whitman, R.V., 1969. Soil Mechanics. John Wiley and Sons, Nova Iorque. 395 pp.

Lee, G. e Kennedy, C.K. 1975. Qualidade, forma e degradação dos agregados. Quarterly Journal of Engineering Geology. Vol. 8, pp. 193-209.

Lefond, S.J. 1975. Industrial minerals and rocks: non metallic other than fuels. Quarta edição. American Institute of Mining, Metallurgical and Petroleum Engineering, Nova Iorque. 1360 pp.

Lester, D. 1981. Quarrying and rockbreaking: the operation and maintenance of mobile processing plants. Intermediate Technology Publications, Londres. 116 pp.

Lund, O.L. e Ramsey, W.J. 1959. Estabilização experimental com cal no Nebraska. Boletim do Conselho de Reservatórios de Rodovias. Vol. 23, p. 24-59.

McConnel, R.B. 1949. Notes on the lead-zinc deposits of Nigeria and the Cretaceous stratigraphy of the Benue and cross River valleys. Relatório não publicado do Geologic Survey of Nigeria. Relatório. No. 752.

Muntohar, S.A., e Hantoro, G., 2000. Influência da casca de arroz e da cal nas propriedades de engenharia do subleito argiloso. Electronic Journal Geotechnical Engineering. pp. 453-458. www.ejge.com

Murat, R.C. 1972. Estratigrafia e paleoambiente do Cretáceo e do Terciário inferior no sul da Nigéria. In: Dessauvagie, T.F.J. e Whiteman, A.J. (Eds), Actas da Conferência sobre Geologia Africana, Ibadan, pp. 251-266.

Nelson, T.I. e Bolen, W.P. 2008. Construction Aggregates. Engenharia de Minas. Vol. 60, pp.

25-26

Neville, A.M. 1973. Propriedades do betão. John Wiley and Sons, Nova Iorque. 686 pp.

Nwachukwu, S.O. 1972. The tectonic evolution of the southern portion of the Benue Trough, Nigeria. Revista Geológica. Vol.109, pp. 411-419

Obiora, S.C. 2002. Avaliação dos efeitos dos corpos ígneos nos preenchimentos sedimentares do baixo Rift do Benue e vice-versa. Tese de doutoramento, Universidade da Nigéria, Nsukka. 241 pp.

Obiora, S.C. e Umeji, A.C. 1995. Rochas alcalinas intrusivas e extrusivas de áreas a oeste do rio Anyim, sudeste da calha do Benue. Journal of Mining and Geology. Vol. 31. No. 1, pp. 9-19.

Obiora, S.C. e Umeji, A.C. 2004. Evidência petrográfica de metamorfismo regional de enterramento das rochas sedimentares no rifte inferior do Benue. Jornal de Ciências da Terra de África. Vol. 38. No. 3, 269-277.

Obiora, S.C. e Charan, S.N. 2010. Restrições geoquímicas sobre a origem de algumas rochas ígneas intrusivas do rift do Baixo Benue, sudeste da Nigéria. Jornal de Ciências da Terra de África. Vol. 58, pp. 197-210

Ofoegbu, C.O.1985. A review of the geology of the Benue Trough of Nigeria. Jornal de Ciências da Terra de África, Vol. 3, pp. 283 - 291.

Ofoegbu, C.O. e Amajor, L.C. 1987. A geochemical comparison of the Pyroclastic rocks from Abakaliki and Ezillo, southern Benue trough, Nigeria. Journal of Mining and Geology, Vol. 23, Nos. 1&2, pp. 45-52.

Okagbue, C.O. 1986. As propriedades físicas e mecânicas dos cascalhos lateríticos do sudeste da Nigéria relativamente ao seu desempenho de engenharia. Jornal de Ciências da Terra de África. Vol. 5, No. 6, pp. 659-664.

Okagbue, C.O. e Onyeobi, T.U.S. 1999. Potencial do pó de mármore para estabilizar solos tropicais vermelhos para a construção de estradas. Geologia de Engenharia. Vol. 53, pp. 371-380.

Okagbue, C.O. e Yakubu, J.A. 2000. Cinzas de calcário como substituto da cal na melhoria do solo para a construção de engenharia. Boletim Geologia de Engenharia e Ambiente. Vol. 58: pp. 107-113.

Okeke, O. C. 1991. Role of mineral raw materials in the development of indigenous building materials industry in Nigeria (Papel das matérias-primas minerais no desenvolvimento da indústria indígena de materiais de construção na Nigéria). Jornal de Minas e Geologia. Vol. 27, No. 2, pp. 127-133.

Okezie, C.N. 1957. A geologia da área de Izekwe da divisão de Ogoja. Relatório provisório provisório não publicado sobre a folha de cartografia n.º 289. Serviço Geológico da Nigéria. No.1.

Okezie, C.N. 1965. Um relatório preliminar sobre as rochas ígneas da cidade de Abakaliki e arredores e as suas relações com a mineralização de chumbo-zinco. Relatório não publicado da Agência Nigeriana de Pesquisa Geológica. No.1349, 30 pp.

Okogbue, C.O. e Aghamelu, O.P. 2010. Comparação das propriedades geotécnicas de xistos triturados do sudeste da Nigéria. Boletim de Geologia de Engenharia e Ambiente. Vol. 69. No. 4, 587-597.

Olade, M.A. 1975. Evolução da calha do Benue na Nigéria (Aualacogen): um modelo tectónico. Revista Geológica. Vol. 112, pp. 575-583.

Olade, M.A. 1978. Early Cretaceous basalt, volcanism and initial continental rifting in the Benue Trough, Nigeria. Nature (Ciências Físicas), Vol. 273, pp. 451-459.

Olade, M.A. 1979. The Abakiliki Pyroclastics of southern Benue Trough, Nigeria: their petrology and tectonic significance. Journal of Mining and Geology. Vol. 16, No. 1, pp.17-24.

Orts, W.J., Roa-Espinosa, A., Sojka, R.E., Glenn, G.M., Imam, S.H., Erlacher, K. e Pedersen, J. S., 2007. Utilização de polímeros sintéticos e biopolímeros para a estabilização do solo em aplicações agrícolas, de construção e militares. Journal of Materials in Civil Engineering (Sociedade Americana de Engenheiros Civis). Vol. 19, No.1, pp.58-66.

Paige-Green, P. 2007. Durabilidade de rochas cristalinas básicas e especificação para utilização como agregado de base de estradas. Boletim de Geologia de Engenharia e Ambiente. Vol. 66, pp. 431-440.

Petters, S.W. 1978. The stratigraphic evolution of the Benue Trough and its implications for the upper Cretaceous paleogeography of West Africa. Journal of Geology, Universidade de Chicago, Vol. 86, pp. 311-322.

Raisanen, M. e Torppa, A. 2005. Avaliação da qualidade de uma pedreira de rocha geologicamente heterogénea no condado de Pirkanmaa, no sul da Finlândia. Bulletin of Engineering Geology and the Environment. Vol. 64, No. 4, pp. 409-418.

Rawlings, G.E. 1972. O papel do geólogo de engenharia durante a construção. Quarterly Journal of Engineering Geology. Vol. 4, pp. 209-220.

Reidenouer, D.R. 1970. Shale suitability. Fase II: Departamento de Transportes da Pensilvânia, Gabinete de Materiais, Ensaios e Investigação. Relatório intercalar, n.º 1. dezembro. 198 pp.

Reyment, R.A. 1965. Aspects of the Geology of Nigeria (Aspectos da Geologia da Nigéria). Imprensa da Universidade de Ibadan, Ibadan. 145 pp.

Roberts, A. 1977. Geotechnology, An introduction text for students and engineers. Pergamon Press, Oxford, 347 pp.

Sampson L.R, Netterberg F (1989) The durability mill: a new performance-related durability test for base course aggregates. The Civil Engineer in South Africa. setembro, pp. 287-294.

Sayat, K. e Gonconglu. M.C. 2009. Geoquímica de rochas máficas do Complexo de Karakaya, Turquia; evidências do envolvimento de plumas no regime extensional do Paleotethyan durante o Triássico médio e tardio. International Journal of Earth Sciences. Vol. 98, pp. 367-385.

Smith, M.R. e Collins, L. (Eds.) 2001. Aggregates: sand, gravel and crushed rock aggregates for construction purposes. Terceira edição, Geological Society Engineering Geology Special Publication. No. 9. The Geological Society, Londres. Vol. 17, 339 pp.

Sowers, G.B. e Sowers, G.E. 1970. Introductory soil mechanics and foundations. Macmillan, Nova Iorque. pp 556

Spry, A.H. 1989. Ensaios em pedra - geral. In: Gere A.S., Perry J.C., Spry A.H. e West D.G. (Eds), Stone in modern buildings: the state of the art. Notas do seminário, Sydney, outubro de 1989, pp. 45-57.

Tattam, C.W. 1960: A review of Nigerian stratigraphy. Relatório Anual do Serviço Geológico da Nigéria, Kaduna. 46 pp.

Tijani, M.N., Loehnert, E.P. e Uma, K.O. 1996. Origem das águas subterrâneas salinas na área de Ogoja, na parte inferior da calha do Benue, Nigéria. Jornal de Ciências da Terra de África. Vol. 23, No. 2, pp. 237-252.

Tugrul, A. e Zarif, I.H. 1999. Correlação das caraterísticas mineralógicas e texturais com as propriedades de engenharia de rochas graníticas selecionadas da Turquia. Geologia de Engenharia. Vol. 51, No. 4, pp. 303-317.

Ukaegbu, V.U. 2008. A tectonic implication of the eruption of pyroclastics in uturu, southern Benue Trough, southeast Nigeria. Jornal Global de Ciências Geológicas. Vol. 6, No. 2, pp. 123-127.

Umeji, A.C., 2000. Evolution of the Abakaliki and the Anambra basins, Southeastern Nigeria. Um relatório apresentado à Shell Petroleum Development Company Nigeria Ltd. 155 pp.

Comité Científico das Nações Unidas para os Efeitos das Radiações Atómicas (UNSCEAR). 1980. Sources, effects and risks of ionizing radiation (Fontes, efeitos e riscos das radiações ionizantes). Nova Iorque: Relatório para a Assembleia Geral.

Comité Científico das Nações Unidas para os Efeitos das Radiações Atómicas (UNSCEAR), 1982. Ionizing radiation sources and biological effects. Nova Iorque: UNSCEAR (A/37/45)

Uzuakpunwa, A.B. 1974. Os piroclásticos de Abakiliki - leste da Nigéria: nova idade e implicações tectónicas. Revista Geológica, Vol. 3. No. 1, pp. 65-70.

Van Rooy, J.L, Nixon, N. 1990. Mineralogical alteration and durability of Drakensberg basalts (Alteração mineralógica e durabilidade dos basaltos de Drakensberg). South African Journal of Geology. Vol. 93, Nos. 5 & 6, pp. 729-737.

Waltham, T. 1994. Fundamentos de geologia de engenharia. Segunda edição. Spon Press, Londres. 88 pp.

West, G. 1994. Estimating aggregate properties from the unconfined compressive strength of rock (Estimativa das propriedades dos agregados a partir da resistência à compressão não confinada da rocha). Quarterly Journal of Engineering Geology. Vol. 27, pp. 275-276.

Wood, K.B., Berry, D.S. e Goetz. W.H. 1960. Highway engineering handbook. McGraw-Hill, Nova Iorque.

Wright, J.B. 1968. South Atlantic continental drift and the Benue Trough. Tectonophysics, Vol. 6, pp. 301-310.

Wright, J.B. 1976. Origens da calha do Benue - uma revisão crítica. In: Geology of Nigeria. Kogbe, C. A. (ed.). Elizabethan Publishing Co., Lagos. pp 309-318.

Young, R.P. 1978. Avaliação das descontinuidades das rochas. Tunnels and Tunneling. Vol. 10, pp. 45-48.

Printed by Books on Demand GmbH, Norderstedt / Germany